| 科普大师趣味科学系列 |

FUNNY SCIENCE

世界科普大师

写给孩子的趣味化学

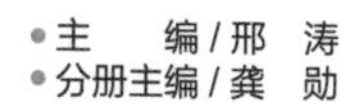

主　　编／邢　涛

分册主编／龚　勋

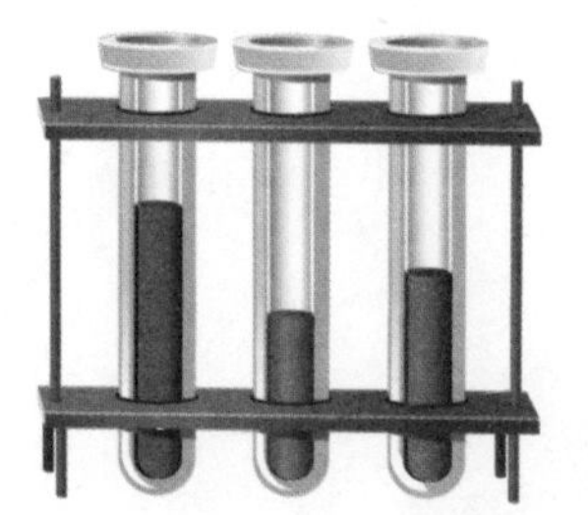

浙江教育出版社·杭州

前言

FOREWORD

科普大师送给孩子的化学经典！

化学，是一门研究物质如何发生变化的科学。它看似高深莫测，实则与我们的日常生活息息相关。生活中常见的木柴燃烧、食物腐烂、钢铁生锈等现象，其实质都是化学变化。

为了让小读者更好地了解化学这门奇妙的自然科学，我们编撰了这本《世界科普大师写给孩子的趣味化学》。本书选编了世界著名科普大师的经典科普作品，内容丰富多彩：从化学的起源到人造元素的出现，从微观的原子、分子到宏观的地球构成，从工业价值到生活用途……大师们用妙趣横生的语言、深入浅出的实验，把我们带到神奇美妙的化学世界。

这里没有繁冗枯燥的理论说教，大师们用一个个生动的故事和奇妙的现象来引导小读者思考学习。相信这本书不但能引起你对化学的兴趣，同时，也能使你对周围的事物有新的认知。

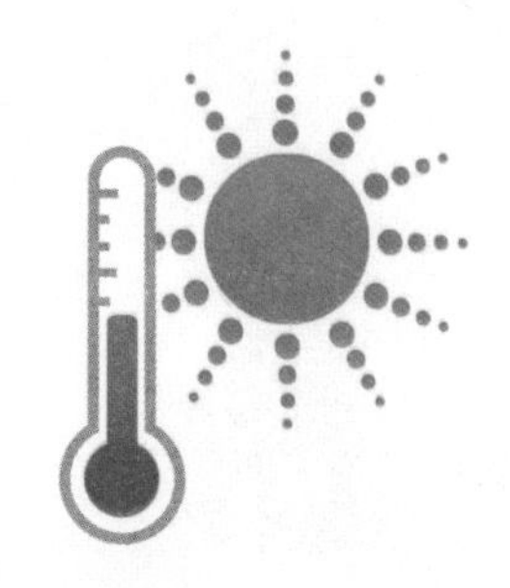

CONTENTS

第一章 走进化学世界

ZOUJIN HUAXUE SHIJIE

第二章 丰富多彩的元素

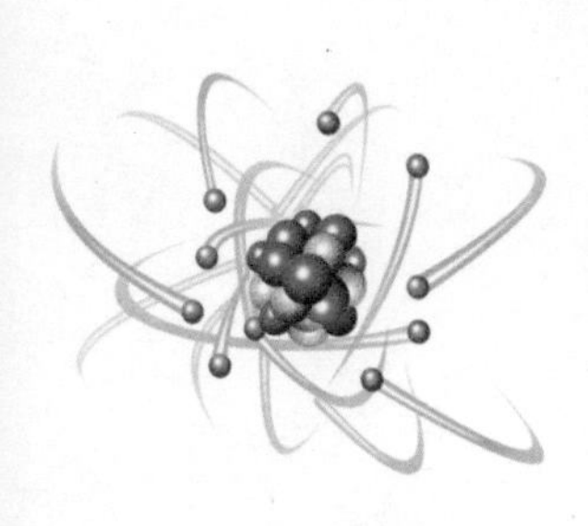

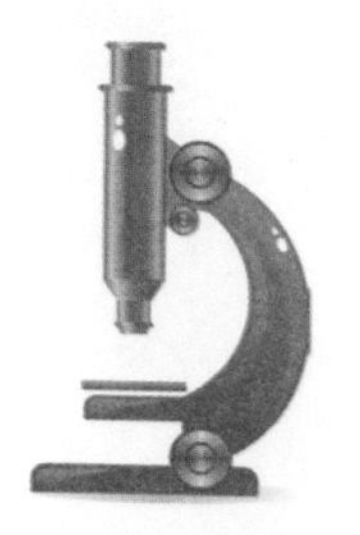

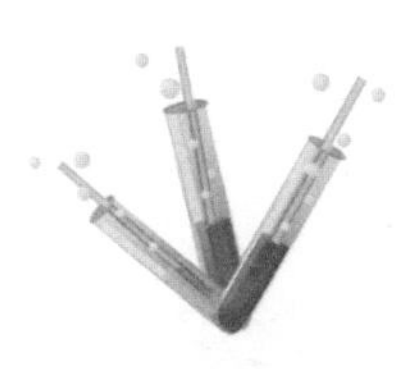

第三章 生活中的化学

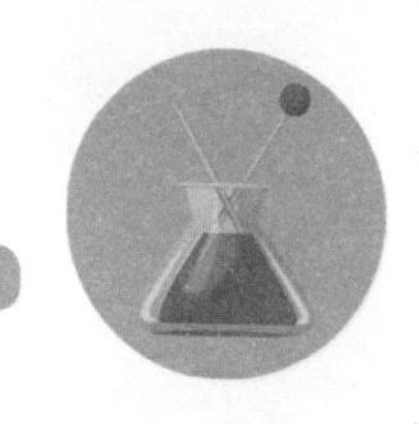

站 在 科 学 家 的 肩 膀 上， 让 你 飞 得 更 高！

第一章
走进化学世界

聚乙烯、$NaHCO_3$、$C_{12}H_{22}O_{11}$……这些化学名称、分子式，看上去着实让人头疼，可要说到它们的用途或俗名，你就不觉得陌生了：聚乙烯是制作塑料袋的主要原料，$NaHCO_3$ 和 $C_{12}H_{22}O_{11}$ 分别是厨房里常见的小苏打和糖。看！化学其实并没那么神秘，想要走进化学世界其实也很简单。

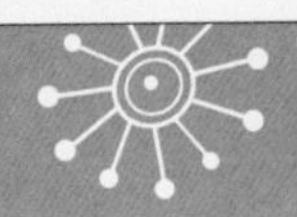

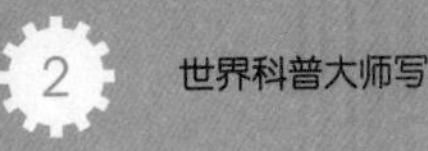

[俄国] 尼查耶夫

从炼金术到化学

尼查耶夫，俄国著名科学家、作家。曾担任《知识就是力量》月刊的主编，他所创作的一系列科普读物一直以来深受青少年读者的喜爱，人们评价他的作品“善于使谈科学的书摆脱枯燥的讲义和素材而自成一体”。他毕生热衷于科学研究，于1941年在莫斯科辞世。

把石块、铅和铁等物质混合在一起，再加上一些特殊的东西，便能炼出黄金和白银——当然，在今天看来，这是绝对不可能发生的事。古人却在长达1500年的时间里，动用各种物质，致力于研究这种炼金术。

炼金术的历史十分悠久，早在公元前300年的古希腊时代，亚历山大港便出现了炼金术的热潮。当时，大多数人认为，金、银都是由埋藏在地底下的石块、铁等物质经过数千年的时间变化而来的。

因此，人们设想：在石块或铁上添加一些特殊的成长促进剂，或许不用等数千年就可以得到金、银。

当时，金属被认为是有生命的物质，所以被视作“治疗金属疾病”的炼金术，就得到了格外的重视。

比如说，铜是未成熟的金，锡是得了麻风病的银。而能够治疗这类疾病的秘方就是“圣贤石”和“哲学家之石”。因此，这两种东西也受到了特别的重视。

不仅如此，人们还认为这种秘方会对人体产生奇迹，所以，它们又被看作能让人长生不老的灵药。

随着古希腊和古罗马的灭亡，亚历山大港这种魔术般的信仰也迁移到了阿拉伯，并在那里走向系统化。到12世纪中期，炼金术又被引入欧洲，在民间得到了普遍发展。

炼金术甚至还引起了当时很多知识分子的兴趣，最著名的有神学家阿奎奈和哲学家培根，据说，他们都曾亲自去参观过实验。

当然，喜欢各种宝贝的国王们也不甘人后，他们纷纷召集炼金术士，让炼金术士们每天不停地进行炼造黄金的实验。

14世纪初期，自称是西班牙贵族、同时也是圣芳济修会修道士的拉蒙·鲁路，拜访了英国国王爱德华三世。

鲁路拥有一颗“如豆粒般大小”的贵重药品，也就是前面说过的“哲学家之石”。他认为运用这种石头就可以将水银炼成黄金——当然，他也希望通过这种技术来提高自己的知名度。

爱德华三世让鲁路住进了伦敦塔，并让他在里面炼造黄金。据说，鲁路曾用水银、铁和铅制造出了17200万盎司的黄金。后来在爱德华三世与法国作战时，鲁路逃跑了，传说在鲁路制造黄金的房间的地板上，还留有许多金粉。

以上便是有关炼金术的传说。但不得不说的是，人们在热衷于炼金术的同时，也发现了很多化学药品，认识了许多物质的化学性质。

12世纪时，人们发现了制造酒精的方法；13世纪时，发现了制造硫酸和硝酸的方法。这些发现对加热、溶解、过滤、蒸馏等化学技术的发展起到了极大的推动作用。现在，在化学实验中常用的烧杯、烧瓶、试管和玻璃棒等工具，都是炼金术的产物。

因此，虽然炼金术不能制造黄金，却被称为“近代化学的大智慧”。

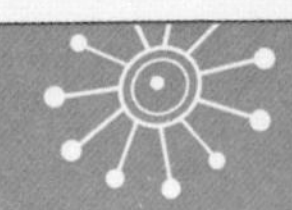

[俄国] 尼查耶夫

原子到底有多小

由碳和氢这两种元素可以组成几千几万种化合物。我们把这些只含碳、氢的化合物统称为碳氢化合物。而不同种类的碳氢化合物之间的差异则是由分子中碳和氢的数量以及它们之间的连接方式造成的。

任何碳氢化合物或者其他化合物要想被肉眼观察清楚或被称出重量，就必须有几千兆个分子聚集在一起。因为原子特别小，它的直径只有一亿分之几厘米。原子里面的原子核更是小之又小，直径还不足原子的万分之一。

如果我们把一个碳原子看作一个足球场，那么电子就是观众席上四处乱飞的苍蝇，而原子核就相当于足球场中心的足球。原子核的质量是所有电子总质量的几千倍，所以，宇宙中的所有物质99.9%的质量都集中在原子核上，而原子内部的大部分空间则是空空荡荡的。

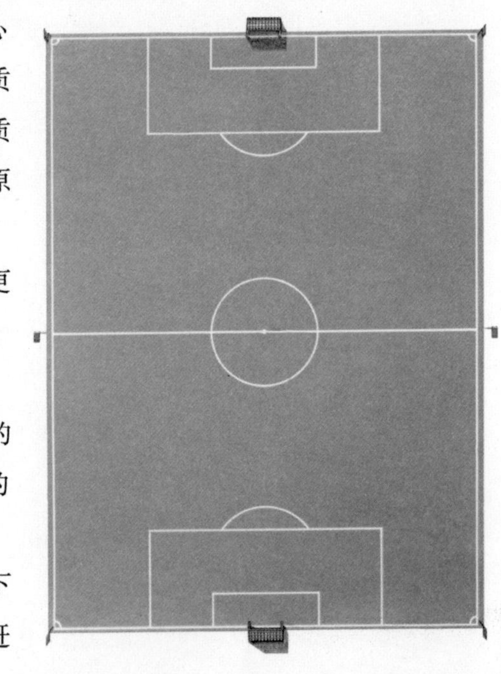

用气体来探讨原子的质量可能会更易于理解，因为相同体积的气体所包含的分子数量是相同的。

把两个容积为1升的瓶子放在天平的两端，由于两端的瓶子里都装有1升的空气，所以天平是平衡的。

此时，如果将氢气从一个瓶子的下方缓缓注入，直到所有的空气都被赶走，那么天平就会失去平衡，注满氢气的那边会上浮，盛满空气的那边则会下沉。这说明1升的空气要重于1升的氢气。

镁
铁
铅
铀

那么，在两边的瓶子里到底各有多少个分子呢？这个数字实在太大了，标准状况下，1升气体里竟含有2.687×10^{22}个分子。

要想计算原子的数量，还必须把分子的数量再加倍。因为氮气分子、氧气分子（空气的主要成分）和氢气分子都是由两个原子结合成一个分子的。

用相同体积的不同金属来比较质量，也可以反映出它们各自的原子质量。例如将镁、铁、铅、铀切割成相同的体积，并悬挂在强度相当的弹簧上，就可以从它们下垂的高度来判断各自的质量——高的轻，低的重。由此可以看出它们的质量是不同的，也就是说它们的原子质量是不同的。

以上只能大致说明原子质量的差异，并不能确切地表现原子质量的比率。测量固体的原子质量比测量气体的要困难得多，因为固体不同于气体，其相同体积内的原子数量并不一样。在相同体积的固体中，原子间的距离越近，原子数量就越多；原子间的距离越远，原子数量就越少。因此，固体的种类不同，同样体积内的原子数量也是不相同的。

元素周期表上标记着各种元素的原子量。所谓原子量，就是将碳-12的原子质量定为12，并以此作为标准而确定的其他各元素的原子质量。铀的原子量大约为238，铅为207，铁为56，镁为24，氢只有1。也就是说，铀原子的质量约为氢原子的238倍。元素周期表为我们提供了许多有价值的资料，原子量也是其中之一。

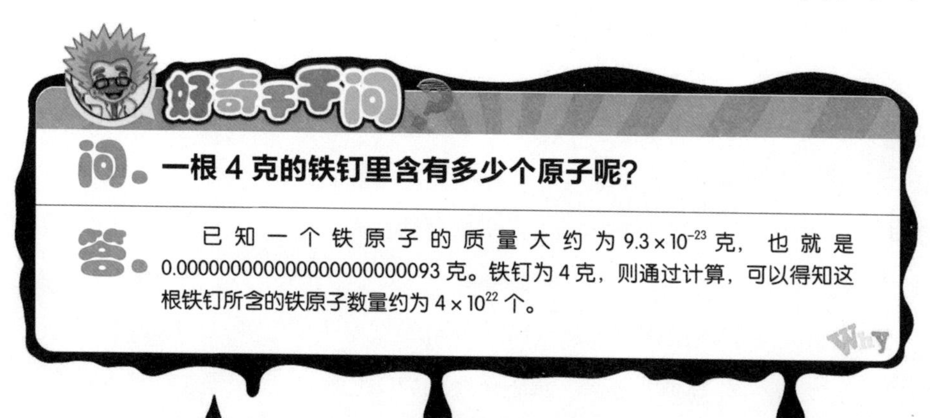

问。一根4克的铁钉里含有多少个原子呢？

答。 已知一个铁原子的质量大约为9.3×10^{-23}克，也就是0.000000000000000000000093克。铁钉为4克，则通过计算，可以得知这根铁钉所含的铁原子数量约为4×10^{22}个。

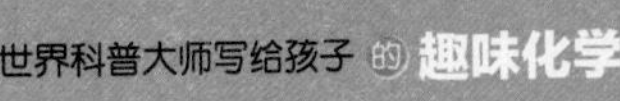

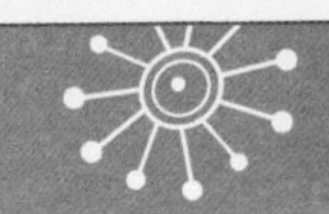

[俄国] 尼查耶夫

原子内部的奥秘

原子的内部是怎样的一个微观世界？原子是不是最小的微粒？

1897年，一个叫汤姆生的英国科学家发现了电子。由此人们开始了对原子内部奥秘的探索，了解到原子不是最小的微粒，它还可以再分，并且具有十分复杂的内部结构。在原子内部，原子核位于中心位置，在原子核的周围旋转运动着若干个电子。这就好像缩小版的太阳系，带正电的原子核是太阳，而围绕着太阳作旋转运动的行星就是带负电的电子。只是在这个特殊的太阳系里，支配一切的不是万有引力，而是强大的电磁力。

原子核所带电量与核外电子所带电量相等，电性相反。所以，整个原子是不带电的。不同的原子，原子核所带的电荷数也是不相同的。

原子核在原子中只占有极小的一部分体积，它的半径大约是原子半径的万分之一，它的体积也只有原子体积的几千亿分之一。如果把原子看成是一座十层高的大厦，那么原子核就只有一颗樱桃那么大。所以，相对而言，原子内部有十分宽敞的空间来供电子作高速运动。

经过汤姆生、卢瑟福和波尔等人的反复研究，现在我们可以勾画出一幅这样的原子图像：原子核居于原子中央，电子围绕原子核高速旋转，形成一圈圈电子云。当电子的运动轨道发生改变时，原子就会吸收或发射光子。那么原子核又是由什么构成的呢？虽然原子核很小，但它的结构异常复杂。恰德威克、汤川、鲍威尔等通过研究，总结出：原子核是由中子、质子、介子、超子等构成的。

质子和中子的质量相差无几，而电子的质量却要小得多，只相当于质子质量的$\frac{1}{1836}$。因此，整个原子的质量基本集中于原子核上。虽然质子和中子的质量相

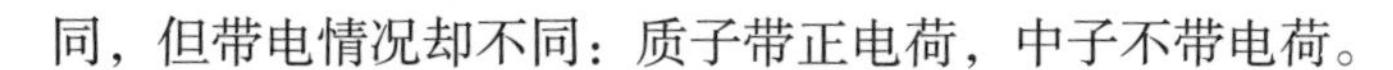

同，但带电情况却不同：质子带正电荷，中子不带电荷。

1913年，英国科学家莫斯来对各元素的X射线进行了系统的研究。他利用一种叫作亚铁氰化钾的晶体，摄取了多种元素的X射线谱。他发现，在元素周期表中，随着元素的原子序数不断增大，相应X射线的波长则有规律地依次减小。由此他认为，元素周期表中的元素应该按照原子序数排列，而不是按照原子量排列，原子序数也就是原子的核电荷数。莫斯来的这个发现，首次将元素在元素周期表中的位置与原子结构科学地联系在了一起。

在质子和中子被发现之后，人们终于认识到，一个元素在元素周期表中的位置是由它原子核中的质子数决定的。例如，氢元素的原子核中只有1个质子，核外只有1个电子，它在元素周期表中排第1位；氦元素的原子核中有2个质子，核外有2个电子，它在元素周期表中排第2位……反之亦如此，元素周期表上排第几位的元素，其原子核里就一定有几个质子。

这个规律的发现也解开了元素周期表留下的几个未解之谜。

我们可以看到，在元素周期表上，氢和氦之间存在着很大一个空缺，这是否表示其中还有其他新元素？然而根据上面的发现，氢的质子数为1，氦的质子数为2，说明二者之间不可能存在其他新元素了。

另外，人们对元素周期表上某些元素的位置是否倒置存有疑问，新发现也同样为这个疑问作出了很好的解释。钾原子的质子数比氩原子多1，碘原子的质子数比碲原子多1，镍原子的质子数又比钴原子多1，因此，氩和钾、碲和碘、钴和镍的位置次序是完全正确的，并没有倒置。

但是，谜题并没有彻底揭开。因为大部分元素的原子量都是随着原子序数的增大、质子数的增多而增大的，但也有极少数的几对元素的原子量并不符合这个规律，相反，排在前面的元素原子量大，而排在后面的元素原子量小。

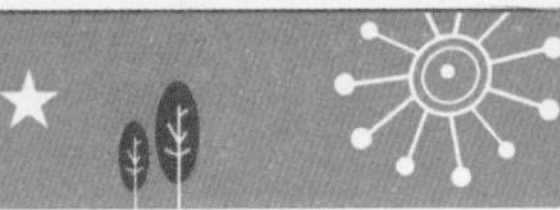

［俄国］尼查耶夫

电子的“排兵布阵”

随着对原子核的探索不断深入，人们发现，同一种元素的原子核里，质子的数目往往是相同的，中子的数目却会有所不同。化学上把这种原子核内质子数相同而中子数不同的原子称为同位素。

元素周期表的1号元素氢，其同位素有三种：第一种是氢，它的原子核里只有1个质子，没有中子，叫作氕；第二种是重氢，它的原子核里有1个质子、1个中子，叫作氘；第三种是超重氢，它的原子核里有1个质子、2个中子，叫作氚。

氕、氘、氚的原子质量虽然存在差异，但它们的化学性质却几乎相同。氢的原子量就是人们算出的这三种原子相对原子质量的平均值。

大部分的元素有两种或两种以上的同位素，所以绝大多数元素的原子量都是其各种同位素的相对原子质量的平均值。

在自然界里，一般来说，元素的质子数大的，其原子量也大；质子数小的，其原子量也小。因此，在元素周期表里，大部分元素的原子量会随着质子数的增大而增大。可是，有的元素并没有遵循这一规律。这是因为它的质子数虽然较小，但它的几个同位素中较重的同位素占有较大的比例，因此几种同位素相对原子质量的平均值（该元素的原子量）就要大一些。同样，有的元素的质子数虽然较大，但因为较重的同位素占有的比例较小，结果这种元素的原子量反而要小一些。

比如说，氩的质子数是18，比钾的质子数19要小。但是在自然界里，氩的重同位素氩-40的相对原子质量为39.96，所占比例为99.60%；氩-38的相对原子质量为37.96，所占比例为0.06%；氩-36的相对原子质量为35.97，所占比例为0.34%。因此氩的三种同位素的相对原子质量的平均值为39.95。钾的质子数虽然略大，但它的重同位素所占比例较小。钾-41的相对原子质量为40.96，所占比例为6.88%；钾-40的相对原子质量为39.96，所占比例为0.01%；钾-39的相对原子质量为38.96，所占比例为93.08%。因此钾的三种同位素的相对原子质量的平均值为39.10。

原子核的质子、中子结构以及同位素的发现，让元素周期表中氩和钾、碲和碘、钴和镍、钍和镤的位置排序之谜终于得到了彻底的解决。

人们对核外电子进行了深入研究，发现电子分布在原子核外的不同层次里，围绕着原子核不停地进行高速运动，这些层次被称为能级或电子层。在一个含有多个电子的原子里，各个电子的能量是不同的。能量低的，一般在离核较近的轨道上运动；能量高的，一般在离核较远的轨道上运动。

目前已经发现的电子层共有7层。第1层，又叫K层，离核最近，能量最低；接下来按照由里往外的顺序，依次为第2（L）层、第3（M）层、第4（N）层、第5（O）层、第6（P）层、第7（Q）层。电子在核外进行分层运动，我们把这种分层运动叫作核外电子的分层排布。

人们发现，电子总是先尽量排布在能量最低的层次里，等一层排满之后，再由内而外，依次排布到能量较高的层次里。此外，核外电子的分层排布是有一定规律的，具体表现为：第一，各电子层最多可容纳的电子数目为$2n^2$（n为电子层数）个。举例来说，第1层为2个电子，第2层为8个电子，第3层为18个电子，第4层为32个电子。第二，最外层电子数目不得超过8个，次外层电子数目不得超过18个，倒数第3层电子数目不得超过32个。

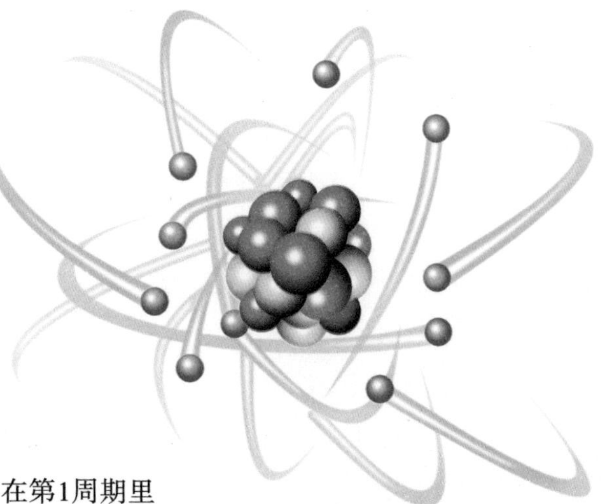

人们还发现，各元素核外电子的分层排布和元素周期表也有着十分紧密的内在联系。

先从横排（周期）来看：在第1周期里

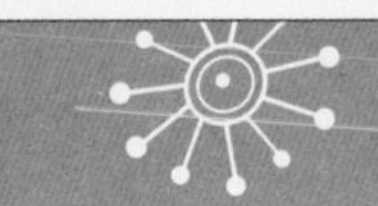

只有氢、氦两种元素，氢原子的核外是1个电子，氦原子的核外是2个电子，都排布在各自的第1层上。由于第1层最多只能排布2个电子，所以，到氦为止，第1层就已经被填满，而第1周期也就只有这两种元素。

在第2周期里有从锂到氖的8个元素，它们的核外电子数从3逐渐增加到10。电子排布的情况为：第1层上都排满了2个电子，第二层上，从锂到氖依次排了1到8个电子。第2周期就此结束。

…………

再从竖列（族）来看：第1主族共有7个元素，分别为氢、锂、钠、钾、铷、铯、钫。这7个元素的共同点是最外层上只有一个电子，而它们的核外电子数和电子分布的层数却是不同的。氢的核外只有1个电子，在第1层上排布着；锂有2个电子层，在第2层上排有1个电子；钠有3个电子层，在第3层上排有1个电子……钫有7个电子层，在第7层上排有1个电子。第1主族这7个元素原子的最外层都只有1个电子，而在化学反应中，一般只有最外层的电子发生变化。因为它们最外层的电子数是相同的，所以它们反映出的化学性质也很相似。

其他主族的元素也同样如此。第2主族各元素的最外层都有2个电子，第3主族各元素的最外层都有3个电子……

我们还可以从惰性气体元素、金属元素、非金属元素这三类来分析这一规律。惰性气体元素原子的最外层电子数都已达到饱和（氦为2个电子，其余为8个电子），这样的电子结构是一种十分稳定的结构。所以，惰性气体元素的化学性质也比较稳定，一般不与其他物质发生化学反应。而像钠、镁、钾、铝等金属元素，其原子的最外层电子数通常都不足4个，在化学反应中，最外层电子容易失去而使次外层成为最外层，以达到8个电子的稳定结构。再如氟、氯、硫、磷等非金属元素，原子的最外层电子数通常超过4个，在化学反应中，它们容易获得电子，从而使最外层形成8个电子的稳定结构。

根据原子核外的电子排布规律，人们可以对元素周期律作出理论上的解释。原来，核外电子数会随着核电荷数的增加而增加，而随着核外电子数的增加，电子排布会呈现周期性的变化。这就是为什么元素的性质会随着原子序数的增加而呈现出周期性变化了。

[俄国] 尼查耶夫

元素与化合物

元素是具有相同核电荷数的一类原子的总称。比如说，铋的金属块中只含有铋原子，那么不管我们是把这块金属锯成两半，是用铁锤把它砸碎，还是用锉刀把它锉成粉末，它依然是铋。又或者我们把它加热，让它熔化成液体，然后继续升高温度，让它沸腾，并成为气体蒸发掉，但铋还是铋，不可能成为其他元素。

加热糖的实验

大多数原子会和其他原子结合成分子。有些元素的原子可以跟同种元素的原子结合，这样形成的物质叫单质，例如，两个氧原子能结合成一个氧分子。有些元素的原子可以跟其他元素的一个或多个原子结合，构成一个分子，这样形成的物质称作化合物。

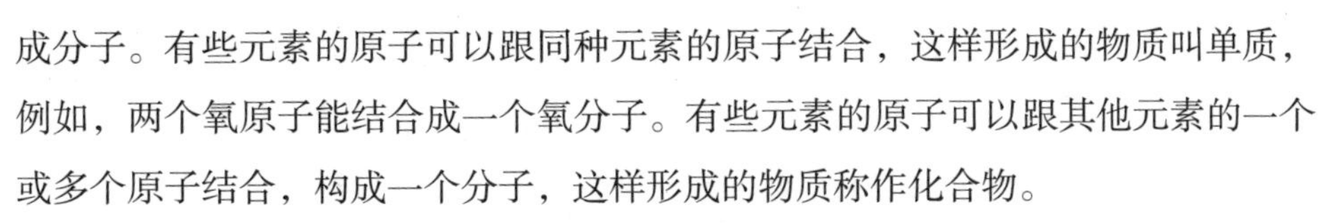

化合物具有一个十分特别的性质，那就是当某种元素和其他种类的元素结合之后，形成的化合物会失去原来元素的特征，也就是说无法再看出化合物里含有哪些元素了。

举例来说，氢气是一种极易燃烧的气体，与氧气结合就会变成水。氢气和水的性质差别有多大，不用解释大家也知道了吧。再比如说，氯和钠本来都是有毒的物质，可是两者结合之后竟能成为我们日常食用的盐！

和盐一样，糖也是我们在日常生活中比较熟悉的一种化合物，糖分子比较容易遭到破坏。只要将糖放进蒸馏瓶里稍稍一加热，糖分子就会开始分解了。蒸馏

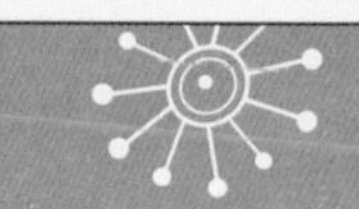

瓶瓶底那些黑黑的物质说明糖分子里含有碳。随后构成糖的其他原子会重新结合并开始蒸发，在瓶壁上凝结成一种无色的液体，这种液体就是水。再把这些水放进电解装置，通上电，水分子就会被分解成氧气和氢气，瞬间飞散而去。

由此得知，糖是由碳、氧、氢这三种元素组成的。一个糖分子里面含有12个碳原子、22个氢原子和11个氧原子，所以糖的化学式为$C_{12}H_{22}O_{11}$。

放到蒸馏瓶里加热的糖分子数量足有数百万兆个，我们可以想象一下，在这些分子身上到底发生了哪些变化。但是在想象之前，我们需要先做个模型。

做模型时，我们可以用黑色的珠子表示碳原子、白色的珠子表示氢原子、灰色的珠子表示氧原子，珠子与珠子之间的连接表示化学键，也就是结合各个原子的手臂。

当然，这个模型并不能代表糖分子的真实形态，我们做它的目的仅在于表示原子在分子中的排列形式。

将糖加热，糖分子便会分解。12个碳原子会沉到瓶底，22个氢原子和11个氧原子会结合成11个水分子。用化学方程式来表示这个现象就是：$C_{12}H_{22}O_{11} \xlongequal{\triangle} 12C+11H_2O$。也就是说，一个糖分子被分解成了12个碳原子和11个水分子。再对水分子进行分解，就会得到22个氢原子和11个氧原子。

因此每个糖分子被分解时都会成为12个碳原子、11个氢分子（H_2）和5.5个氧分子（O_2）。在用化学方程式来表示电解水的反应时，为了让所有的数字都成为整数，可将原来的数字加倍，写成$22H_2O \xlongequal{通电} 22H_2\uparrow + 11O_2\uparrow$。

我们再来说一种叫作氧化汞的红色粉末，从它的名字就可以看出它是由氧和汞（水银）两种元素组成的。

把氧化汞放到蒸馏瓶里加热，它的颜色就会发生改变，直至在瓶内沸腾而开始蒸发。

蒸发的气体会从瓶颈飞出，然后随着温度的下降，一部分气体会凝结成汞，一滴滴地落到烧杯里。

另一部分气体是氧气，因为它是一种无色气体，所以它飞出的时候，我们什么也没看见。但是我们可以用特定的方法来证明瓶口有氧气冒出：将木条的顶端点燃，随后立刻将火焰熄灭，并把带火星的一端靠近瓶口，结果，木条再次燃烧了起来。

由此我们可以得知，那些红色的粉末是由汞和氧组成的。

与糖分子相比，氧化汞的分子要简单得多，它只由两个原子构成，一个是汞（Hg）原子，一个是氧原子，所以氧化汞的化学式为HgO。

让我们来想象一下实验的过程。加热时，随着温度的升高，氧化汞的分子被热得四处乱飞，在蒸馏瓶瓶壁上撞来撞去，最终被破坏分解成了汞原子和氧原子，随后，被分解出的汞原子从瓶口跑了出去，遇到瓶外的冷空气而凝结成液体滴入烧杯，而氧原子则一对一对地结合成氧分子飞出了瓶外。

将这一过程写成化学方程式，即：$HgO \xrightarrow{\triangle} Hg+O$。

但是由于两个氧原子必定会结合成氧分子，所以应该写成O_2。因此也应该把氧化汞写成两个分子，即：$2HgO \xlongequal{\triangle} 2Hg+O_2\uparrow$。

用语言来表达就是，两个氧化汞分子分解成了两个汞原子和一个氧分子（两个氧原子）。

可见，和糖一样，氧化汞也是一种化合物。由此我们可以总结出，化合物是由两种或两种以上元素组成的。

[俄国] 尼查耶夫

最初的元素

元素是在什么时候被发现的？又是如何被发现的呢？

人类对元素的利用，可以追溯到十分古老的时代。当人类第一次发现火的时候，树木燃烧所形成的炭灰便散落在森林里了，而那些被人类绘制在洞穴壁上的最古老的艺术作品，或许就是用这些炭来完成的。

等到了石器时代，人类已经学会用石头来制作枪锋、斧头、刀等武器或工具。早期的印第安人甚至可以利用自然材料来制造各种形态复杂的物体，他们用土制造的钵等器物，大多是由铝、硅和氧的化合物组成的。

即便如此，当时的人们还没有意识到什么是元素，更不可能知道黏土或石头里含有哪些元素。

随着时代的发展，人们开始支配环境，并逐渐学会了从地下挖掘出材料，进而提取元素加以利用，甚至改变元素的组合方式。

这些可以提取出特定元素的“肥土”就被人们称作矿石。

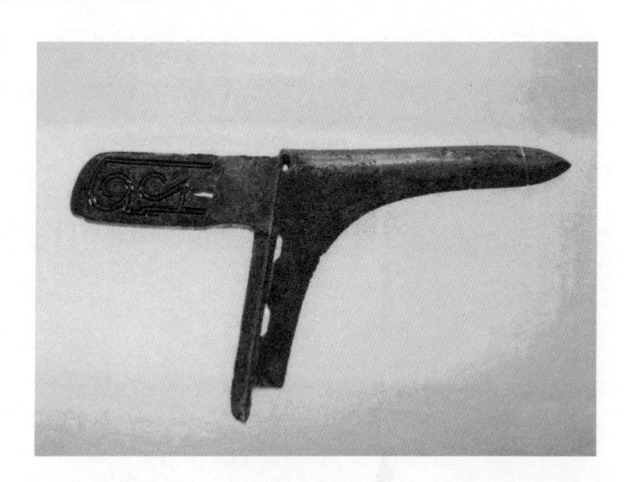

含铅的矿石——方铅矿，即硫化铅，是最常见的矿石。某个偶然的机会，古代人掌握了从中提炼铅的方法——将掺杂着木炭的铅矿石用火煅烧，纯金属铅就会

被分离出来，一滴滴地落到地上。

除此之外，古人还知道另外一种矿石——朱砂，也就是硫化汞。这种矿石经过加热可以生成纯净的汞（水银）。

随着人类好奇心的增强以及材料处理能力的进步，金属铜走进了人们的视野。随后，人类又掌握了将铜和锡从矿石中提取出来的方法。

对整个人类社会而言，将铜和锡混合制成青铜器是历史的一大进步，所以，史前的那一段时期又被称为“青铜器时代”。

大约在公元前1000年，随着铁的冶炼方法的成熟，人类社会进入了“铁器时代”。人们用铁来制造器物，也用它来制造武器。在此期间，与各种文明的盛衰有着密切关系的就是各国冶金技术的发达程度。

到公元初期，人类知道的元素已经有9种，并能把它们从自然界中分离出来加以利用。如果我们认真观察这些元素在现代元素周期表上的位置，就会发现其中几种元素的化学性质十分类似。比如铜、银、金的性质很接近，锡和铅的性质很相似。

这9种元素的化学符号如下：

C—碳 S—硫 Fe—铁 Cu—铜 Ag—银

Sn—锡 Au—金 Hg—汞 Pb—铅

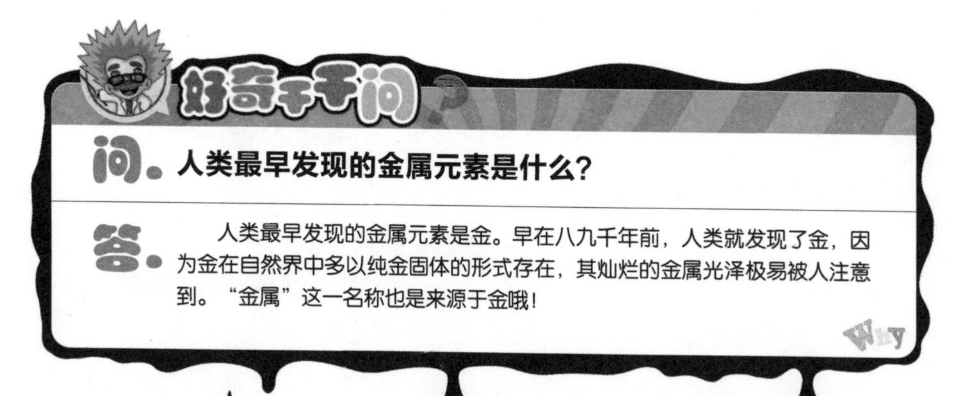

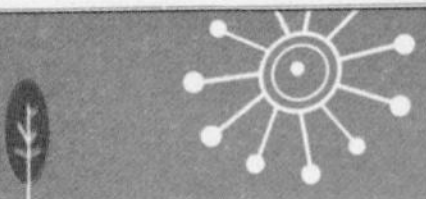

[俄国] 尼查耶夫

元素起名大揭秘

有关元素的命名，除了大多数金属元素的后面会被加上-ium之外，并没有什么特殊的原理。

元素的化学符号通常来源于元素的名称，只有一小部分来自拉丁文名或如今已经停用的别名。

瑞典化学家贝采里乌斯于1814年提议，以元素的拉丁文名首字母作为该元素的化学符号，如果首字母与其他元素相同，便再加一个字母以作区别。这一规则后来得到推广，并成为决定元素化学符号的标准，就连那些没有采用拉丁文命名的新元素也用这一规则确定了化学符号。

贝采里乌斯的提议十分接近现代的说法，这种规则使单用化学式就可以运算成为可能。新的化学符号和中世纪那些稀奇古怪的符号不同，它们简单易懂，还可以用普通的铅字来印刷，科学家们很直观地就能看出发生了什么化学反应。

化学符号取自拉丁文名的9种元素是：

钠 Natrium（Na）、钾 Kalium（K）、铁 Ferrum（Fe）、铜 Cuprum（Cu）、银 Argentum（Ag）、锡 Stannum（Sn）、锑 Stibium（Sb）、金 Aurum（Au）、铅 Plumbum（Pb）。

化学符号取自别名的元素是钨 Wolfram（W）和汞 Hydrargyrum（Hg）。

通常来说，17世纪之前发现的元素都是用古代语命名的，之后发现的元素大多由发现者为其命名。

下面列举了一些元素名称和化学符号的由来。对每一种元素，我们都将按照元素名称、英文名、化学符号、非固体元素在常温下的物理状态、发现年代、元素名称的由来的顺序进行介绍。同时需要说明的是，有些元素的发现年代可能存在争议。

1.氢，hydrogen，H，气体，1766年，源于法文hydrogenium（制造水的物质），燃烧可以生成水。

2.氦，helium，He，气体，1868年，源于希腊文helium（是从太阳的光谱中发现的）。

3.碳，carbonium，C，源于史前时代的拉丁文carbo（炭）。

4.氧，oxygenium，O，气体，1771年，源于法文oxygene（制造酸的物质），当时氧被认为是酸的本质成分。

5. 钠，sodium，Na，1807年，英文名源于它的原料soda（苏打），符号取自其拉丁文natrium。

6. 镁，magnesium，Mg，1808年，源于Magnesialithos（镁石），镁石是古希腊的Magnesia（地名）所出产的白石金属。

7.磷，phosphorum，P，1669年，源于希腊文phosphoros（产生光）。

8.钒，vanadium，V，1830年，源于诺尔曼的爱和美的女神Vanadis（凡娜迪丝）。

9.铬，chromium，Cr，1797年，源于希腊文chroma（颜色），因为它常用来做颜料。

10.钴，cobaltum，Co，1737年，源于德文kobold（恶魔），最初被预测为铜矿的矿石，炼出来的却是钴，当时的人们认为这是恶魔的恶作剧。

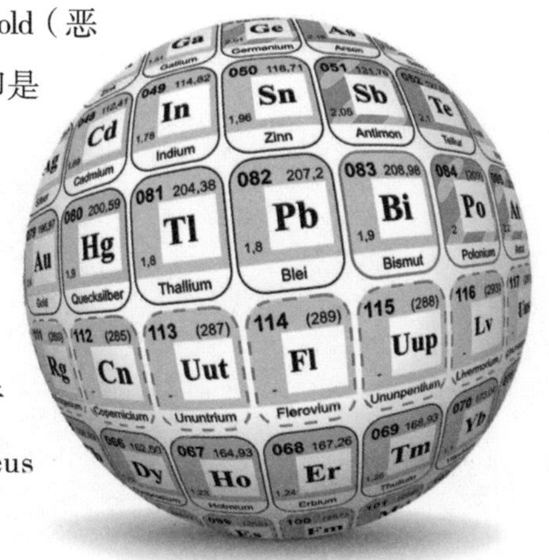

11. 锝，technetium，Tc，1937年，源于希腊文technetos（人造的），因为它是第一个人造元素。

12.钷，promethium，Pm，1947年，源于希腊神话中从天上给人类盗取火种的Prometheus（普罗米修斯）。

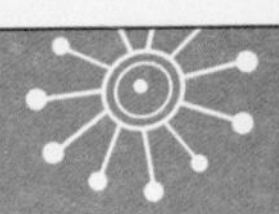

[俄国] 尼查耶夫

元素的循环

在大地、空气、海洋之间，元素每时每刻都在不停地循环着：海水蒸发到空气里形成雨、雪，通过降水的形式落到地上，再汇入河流，最后河流又将许许多多的元素源源不断地带入海洋。同时，虽然不是很明显，但氧、二氧化碳以及氮之间的循环也在时刻不停地进行着。

在植物光合作用的过程中，也实现了物质的交换。绿色植物吸收二氧化碳和水，并利用阳光的能量进行光合作用，生成游离态的氧和碳水化合物。被植物体吸收的碳、氢、氧的化合物形成了它们的躯干，为人类提供了食物和木材等原料；而被释放出去的氧则成了空气中氧的后备军。

植物的生长有了以上所说的碳、氢、氧还远远不够，它们还需要从土壤和水中吸收磷、铁、钙、碘等元素，氮元素对植物的生长也有着非同小可的作用。

元素在大地、空气、海洋之间一刻不停地循环。

大气中的氮含量十分丰富，大约有数十亿吨之多，但由于氮本身的化学性质非常不活泼，很多生物很难直接利用。

不过苜蓿和豆类等豆科植物却是例外，它们的根部长着一种瘤，瘤里有一种叫

作根瘤菌的寄生细菌。这种细菌具有固定氮的作用，它可以把氮变成能被植物利用的化合物，还能帮助植物从土壤中吸收氮。

动物把植物当作粮食，它们会排泄出氮的化合物。这些含氮的排泄物能使土壤更加肥沃，也能让经过分解的游离态氮重新回到空气中。

此外，我们还可以通过使用含氮的人造肥料来补充植物所需的氮。这种肥料是以空气中的氮为原料制成的固体化合物。

人造肥料的成分中还包括其他多种元素，尽管含量不高，却有着十分重要的作用。如果把两株同种类的植物分别栽种在含磷和不含磷的土地上，那么前者的长势一定优于后者。

所有的生物都需要一定的元素才能生存，例如，人的血液里需要微量的铁元素，虾和其他低等海洋生物的血液里需要铜元素，海参需要钒元素，褐藻类需要碘元素和钾元素，还有的生物需要锌、硫、砷等元素才能生存。

人身体60%以上都是水，那么人的身体里又有哪些主要元素呢？大部分是氧、碳和氢。

以一个体重为50千克的人为例，他体内的氧占32.5千克，碳占9千克，氢占5千克，氮占1.5千克，钙占1千克，磷占0.5千克。其他元素一共约为220克，其中钾85克、硫57克、钠34克、氯34克、镁10克、铁1克，同时还有少量的碘、氟、硅。

铁是人类血液中血红素的主要成分，对人类的呼吸有着相当重要的作用。碘是维持人类甲状腺机能的必要元素。

当然，人体内的元素都是以化合物的形态存在的，这些化合物大概有几千几万种之多，它们都是人体不可或缺的成分。

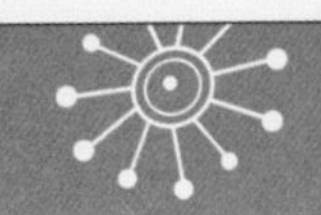

[俄国] 尼查耶夫

第一个人造元素

20世纪30年代初的时候，在元素周期表这栋大厦里一共有92个房间，依次住着从第1号的氢元素到第92号的铀元素。但是在所有的房间中有4个房间是空着的，正等待着合适的元素前来入住。

这4间空房就是第43号、61号、85号和87号。它们的主人到底是哪些元素呢？人们一直在苦苦追寻这4个元素的踪迹，甚至有人先后声称已经找到了它们，并给它们取好了名字。但这些所谓的元素都没有得到最后的肯定，人们不由开始怀疑，这4种元素会不会失踪了？

随着对放射性元素的研究不断加深，人们逐渐解开了原子与原子核的秘密，再加上回旋加速器（即原子大炮）的出现为失踪元素的研究提供了有利条件，人们最终把这些失踪的元素逐一找了出来。

原来，这是4种具有放射性的元素，它们的原子核会不断地分裂，并释放出α粒子或β粒子，变成其他元素的原子核，这种变化的过程我们称为衰变。每种放射性元素都有自己特定的衰变速度，放射性元素不同，其衰变的速度也是不相同的。放射性元素的量减少到一半所需要的时间，在化学上称为半衰期，半衰期是衡量放射性元素的衰变速度的一般标准。不同的放射性元素的半衰期也不尽相同，有的长达100多亿年，有的甚至还不足1秒钟。在自然界中，有的放射性元素能够从矿物中被找到，有的却早已在地球上绝迹了。

这四种失踪元素的半衰期都很短，自然界中存有的量也十分微小，有的甚至已经绝迹。所以人们花费很长时间都无法找到它们，也就没什么好奇怪的了。

人们发现，可以采用人工的方法来打开那些稳定的原子核，从而使其变成另一种元素。这一过程我们称为人工核反应。人们最初进行人工核反应时，利用的是放射性物质所释放出的α粒子，以它作为“炮弹”来轰击原子核。后来，人们发现可利用的“炮弹”还有很多种，质子、中子、氘核都可以，再加上各种粒子加速器的利用，“炮弹”的威力越来越巨大了。

1937年，意大利化学家西格雷和佩里埃用氘核轰击第42号元素钼，第一次制得了第43号新元素。他们把新元素命名为锝，取自希腊语中的technetos（人造的）一词。

作为第一个人造元素，锝在最初的实验中制得的数量非常少，只有一百亿分之一克。科学家们发现，锝的性质与锰和铼十分相似，与铼尤其相似。

1938年，西格雷与美国科学家西博格共同发现了一种锝的同位素，它的半衰期约为200000年。如今，科学家们利用各种核反应制得了20种锝的同位素，其中，锝99的半衰期长达220000年，是已知半衰期最长的锝的同位素。现在，每年都可以制取几百千克的锝。

在自然界中，人们也发现了微量的锝，这表明锝还没有从地球上完全消失。

1949年，美籍中国裔女物理学家吴健雄和西格雷从铀裂变中也发现了锝。据测算，每克铀全部裂变之后，可以取得约26毫克的锝。

锝是一种会发光的银白色金属，具有放射性。它的熔点高达2200℃。在-265℃的情况下，锝的电阻会完全消失，成为没有电阻的金属。锝在酸中的溶解度很低，人们利用这一点将它制成了原子能工业设备中的防腐材料。

[俄国]尼查耶夫

添丁的麻烦

截止到目前，人类已经发现的元素有109种，同位素有1500多个（其中272个为稳定的同位素，其余为不稳定的同位素）。通常来说，“添丁”对于元素家族应该是件喜事，但这些新元素的诞生也给人们带来了麻烦。

从第103号元素开始，人们都是以重离子炮弹轰击的方式来制造新元素的。这种实验的过程极为复杂，而且在确认个别短寿命新元素的原子时，还会受到几十亿个副原子强辐射的干扰，这就导致了在工作中极易出现错误。不仅如此，这也使新元素的发现优先权和命名的问题出现了争议。较为严重的分歧主要来自苏联和美国的科学家。

1964年，苏联宣布，本国科学家弗列罗夫等发现了第104号元素，他们把新元素命名为“𬬻”，希望以此来纪念已故的苏联原子物理学家库尔恰托夫。

1968年，苏联又宣布，弗列罗夫等发现了第105号元素，为纪念另一位原子物理学家尼尔斯·玻尔，他们将它命名为“𬭊”。

第104号和第105号元素都很“短命”，只几秒钟就裂变成了其他元素。

1974年，苏联再次宣布，弗列罗夫等以铬的原子核来轰击铅的原子核，制得了第106号元素，没有命名。

几乎与此同时，美国也先后宣布了有关这三个元素的发现过程。

1969年，美国的吉奥索等化学家制得了第104号元素，将它命名为“𬬻（Rf）”，用来纪念物理学家卢瑟福。

1970年，美国的吉奥索等化学家又成功制得了第105号元素，它们将这一元素命名为“𬭊（Ha）”，是为了纪念德国物理学家哈恩。

1974年，美国的西博格、吉奥索等又制得了第106号元素，当时没有命名。

1976年，苏联科学家弗列罗夫等利用铬原子核轰击铋原子核，制得了第107号元素的同位素261。但是，德国并不承认苏联的这个发现，他们认为，第107号元素是德国达姆施塔特重离子研究机构的彼得·阿姆布鲁斯教授在1981年2月发现的。第107号元素的寿命极为短暂，只有1毫秒，真可谓稍纵即逝。

1982年，德国科学家阿姆布鲁斯制得了第109号元素，这种元素的寿命也很短暂，只需5毫秒就会分裂成第107号元素。

1984年，德国达姆施塔特重离子研究机构的几位物理学家，在实验室的粒子加速器中用铁原子和铅原子合成了第108号元素。第108号元素的寿命更为短暂，这使它只具有科学方面的意义，而无法投入使用。

综上所述，苏联、美国、德国对新元素的发现存在着诸多争议，他们都认为自己是新元素的最早发现者，并为元素命了名。因此，世界上也就出现了3种不同的元素周期表，这就是“添丁的麻烦”。

为解决这一分歧，1977年8月，国际化学会无机化学分会制定了一项准则：从第104号元素开始，不再以人名、国名来命名元素，一律采用新元素的原子序数的拉丁文数字缩写来为元素命名。

这样一来，不仅是新发现的元素，就连那些预言中的元素，都已经有了确定的名称，不会再发生分歧了。

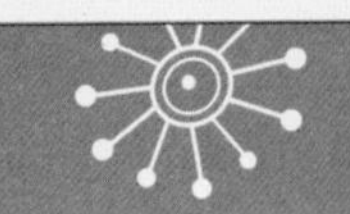

[俄国] 尼查耶夫

是化学还是相术

1867年，青年化学家德·伊·门捷列夫被彼得堡大学聘任为化学教授。在教学的同时，门捷列夫以自己的授课笔记作为初稿，开始编写一本名为《化学原理》的著作。虽然他的写作进行得十分顺利，但这本书并不能让他感到满意。

对当时的门捷列夫来说，即使已经对化学有了一定了解，但化学科学仍然像一片没有路的密林，让他感到无所适从。他觉得自己对化学的论述只是对密林中某一棵树的个别描写，而这里却有千千万万棵这样的树。

当时，化学家所掌握的元素共有63种，每一种又有几百甚至几千种化合物。在这些化合物中，有气体，有液体，有晶体；有的有颜色，有的会放光；有的轻，有的重；有的稳定，有的不稳定。总之，就没有一种和另一种完全相同。

化学家们对这些化合物的研究十分深入，他们确切地知道如何制备其中的某一种，也清楚地知道每一种化合物会怎样与氢、氧或酸、碱起反应，以及它们彼此之间怎样化合、怎样分解、怎样再生成。可是这些枝枝节节的原理没有任何的系统性，懂的越多却让人越糊涂。

门捷列夫想把一幅统一的、有逻辑的物质画面展现给读者，更想把宇宙物质构造的重要法则归纳出来。于是，他决定从物质的最基本状态——元素入手，寻找一切元素都要遵从的自然法则。他坚信这样的规律一定是存在的，虽然元素的种类各不相同，但在它们之间一定隐藏着某种统一性。

于是，门捷列夫开始着手寻找这种统一性，他认为只要掌握了这一点，就可以把所有的元素连同它们的化合物一起排成一队非常整齐的队列，就像依据身高将士兵排成一列那样。

那么，决定元素在队列中位置的因素到底是什么呢？是物质的颜色吗？显然不是，物质的颜色并不是一成不变的。那么，是密度吗？可是密度也会因为加热而发生改变。同样，元素的导热性、导电性、磁性都不合适。门捷列夫不断地盘算着、思考着，终于，他想到了元素的一种很少被人重视的特性，这种特性不会因为元素与其他元素化合而有了新性质就发生改变，它就是原子量。

每一种元素都有自己独特的原子量，原子量不管在什么时候、什么条件下都不会改变，它就像是元素的“身份证”。根据这一重要特征，门捷列夫终于找到了那把可以解开物质世界统一性与逻辑性之谜的钥匙。他把硬纸板裁成了63个方形卡片，在卡片上写出了元素的名称、重要性质以及原子量。然后就像玩“纸牌”一样，把这些卡片一组组地排开，通过不断地变换它们的位置，来寻找一切元素都需要遵守的统一法则。

1869年的春天快要来的时候，门捷列夫的元素自然系统终于排好了。他把所有的化学元素排成了一个自然的行列，以最轻的元素氢打头，它的原子量是1；以最重的元素铀为尾，它的原子量是238。至于其他元素，则按照原子量的大小排在头与尾之间。元素的任何性质，比如外形、稳定性，以及它与其他元素化合的能力、它的化合物的性质，都与它在这个队列中所处的位置有关。

有趣的是，在将这些元素按照原子量排列之后，它们又形成了一些性质类似的组，或称同类元素的族。而且每一族元素的性质，乃至它们的化合物的性质，都会根据严格的顺序发生改变，也就是按照原子量的递增而变化。

这样一来，原本杂乱无章的物质世界，就出现了惊人的规律性。门捷列夫便把这种规律性称作周期律。

但是当时人们所知道的元素只有63种，没有人知道自然界中还有哪些元素没被发现。门捷列夫想把这些已知的元素排成一张表十分不容易，这些元素就像是一群没有受过训练的新兵，总是拥挤在一起，破坏原有的队形。门捷列夫只好凭借自己的天赋，把元素们强制安排在它们各自真正的位置上。

比如，排在4号的硼和11号的铝下面的是18号的钛，它们的中间隔着6个元素，看似是一个完整的周期，很有规律。可是从性质上来看，钛在硼和铝这一族里，却好像是个“外路人”，它的位置应该在旁边的碳族里，于是门捷列夫就决定把钛从第18位挪开，留下一个空位。他认为这个空位上应该是一个性质与硼和铝类似的元素，而钛则和它后面的元素按照原子量递增的顺序依次往下排。

利用这样的空位，门捷列夫把各种元素强制安排在它们各自应该站的位置上，可是，他并没有让这些空位成为真正的空白，他在里面填进了一些自己臆想出来的新元素。

他给这些新元素定名为埃卡（“加一”的意思）硼、埃卡铝、埃卡硅，也就是硼加一，铝加一……他还预言出这些自己臆想出来的、谁也没有见过的元素会有怎样的性质。他甚至还能说出它们的形状、原子量以及它们同其他元素化合后形成的化合物。

说出这些预言，并不是因为门捷列夫会相术，或拥有什么超能力，只是因为那些空位里的元素并不是孤零零地存在的。虽然还没有人见过它们，但从它们在表中所处的位置和邻近元素的性质，就不难推算出它们的性质。

门捷列夫之所以敢这样预言，是因为他对自己的周期律有着百分百的信心。可这在其他许多化学家看来，简直就是一种狂妄的行为。他们对门捷列夫的自然系统以及他所预言的元素，都作出了这样或那样的批评，看来，只有事实才能说服他们了。但是，几年过后，门捷列夫周期表上的空位依然空着，只有那些幽灵般的臆想元素还待在里面，而人们甚至早已忘记了它们。

终于，在1875年8月27日，法国化学家布瓦斯博德朗通过光谱分析术发现了一种新元素。他将这种元素的情况整理成报告寄给了巴黎科学院，在报告中，他指出这种元素的化学性质与铝十分相似，还将这种元素命名为镓。

这个消息传到远在彼得堡的门捷列夫耳中时，他仿佛被雷击了一般定在那里不会动了。这个刚刚被法国人发现的元素，并不能算是真正的新元素，门捷列夫早在五年前就发现了它，它就是埃卡铝。门捷列夫的预言应验了，甚至就连他所说的“埃卡铝是一种易挥发的物质，将来一定会有人用光谱分析术将它找出来”都应验了。还有他所推断的埃卡铝的原子量与密度，也在后来人们对镓的研究中一一应验。

这是周期律所取得的第一次伟大胜利，接下来，这样的胜利接踵而至。

1880年，瑞典化学家尼尔生和克利夫在一种稀有的矿物硅铍钇矿中，找到了一种新元素——钪，它就是门捷列夫元素周期表上的另一空位——第18号埃卡硼。

1885年，德国化学家温克勒在希美尔阜斯特矿山的含银矿石中找到了一种新元素，并将它命名为锗。元素锗恰好可以填入周期表的第32号，这也是一个空位，里面住着臆想元素埃卡硅。不得不说的是，埃卡硅与真实的锗的性质已经吻合到了令人无法相信的地步。比如门捷列夫曾在1870年预言埃卡硅会是一种深灰色的金属，而在15年后温克勒发现锗时，证明它的确是一种有金属光泽的深灰色物质。又如门捷列夫曾预言埃卡硅的原子量大约为72，密度应该在5.5克/立方厘米左右，温克勒经过试验证实锗的原子量为72或73，密度为5.47克/立方厘米。像这样的吻合点还有很多，这里就不一一赘述了。

从此之后，元素自然系统得到了普遍的认可，人们清楚地看到，在物质的一切形态之间，的确存在着密切的联系与统一性。

从前，化学家们无从判断所有的元素是否已经全部被发现。如今，在门捷列夫的努力下，宇宙的物质构造图景终于十分明确了。

[俄国] 尼查耶夫

轻松学看元素周期表

历代化学家们经过不懈的刻苦钻研，将“元素周期表”无数次地整理完善，才有了我们今天这份可看作化学“圣经”的元素周期表。

有了这张表，我们就能更深刻地了解那些让人不可思议的元素规则。

元素周期表可不是一张普通的表格，它蕴含的信息量之大，绝对超乎你的想象。

古代的炼金术士们也曾编写过一份元素表，他们通过无数次的实验，认定构成物质的基本要素是火、土、空气和水，并以这4种物质为依据编写了元素表。但是这样的元素表与我们今天的元素周期表是无法相提并论的。

可以说，就算炼金术士们用尽毕生所学也无法探究到元素周期表中的信息。而在今天，你只要弄懂了元素周期表的意义，就可以把其中蕴含的秘密轻松自如地运用到实践中。

炼金术士的元素表是由4种“元素”组成的，而我们今天的元素周期表里却包含了100多种元素。这些元素按照特定的顺序整齐地排布着，只需看表，你就能清楚地了解元素之间的关系。

元素周期表还能反映火、土、空气和水的本质：火是一些元素和氧气结合时所释放的光和热；土的成分较为复杂，是几十种元素组成的混合物；空气也是一种混合物，它由至少8种元素组成；水则是氢和氧这两种元素组成的化合物。

元素周期表是按照元素的原子序数排列的，为了方便，各元素都以符号作为标记。

元素周期表中各元素上方所标的数字就是该元素的原子序数。举例来说，碳元素的原子序数为6，这就说明，碳元素的原子核里有6个质子，碳原子有6个电子，同时这也暗示了碳原子能与哪些原子结合，不能与哪些原子结合，以及结合的方式等问题。

化学符号下方的数字表示原子的平均相对质量，也就是原子量。所有元素的原子量都是以碳-12（其原子量为12）为基准来计算的。在1960年以前，则是以氧原子的平均质量16为基准计算的，1960年之后才改成以碳-12作为计算标准。

从原子序数和原子量上，我们就可以分析出原子核的构造。再以碳为例，它的原子序数是6，表明其原子核内有6个质子，而它的原子量是12，原子的质量主要来源于质子和中子，由此可知，碳原子有6个中子。质子和中子构成了原子核，再加上核外电子，就形成了一个原子。

通过元素周期表，我们还能进一步了解元素的各种性质，由此加深对化学的了解。

虽然想要彻底地看懂元素周期表并不简单，甚至还有人不知道元素周期表的作用，但是只有掌握了看元素周期表的方法，我们才算真正敲开了化学殿堂的大门。

要知道，进入化学世界的第一道关卡，就是元素周期表。

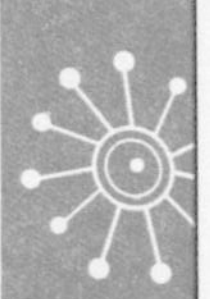

元素周期表

非金属元素　金属元素　过渡元素

原子序数 — 92 U — 元素符号

元素符号注＊的是人造元素 — 铀

5f³6d¹7s² — 外围电子层排布，括号指可能的电子层排布

238.0 — 相对原子质量(加括号的数据为该放射性元素半衰期最长同位素的质量数)

周期＼族	ⅠA 1	ⅡA 2	ⅢB 3	ⅣB 4	ⅤB 5	ⅥB 6	ⅦB 7	Ⅷ 8	9	10	ⅠB 11	ⅡB 12	ⅢA 13	ⅣA 14	ⅤA 15	ⅥA 16	ⅦA 17	0 18	电子层	0族电子数
1	1 H 氢 1.008																	2 He 氦 4.003	K	2
2	3 Li 锂 6.941	4 Be 铍 9.012											5 B 硼 10.81	6 C 碳 12.01	7 N 氮 14.01	8 O 氧 16.00	9 F 氟 19.00	10 Ne 氖 20.18	L K	8 2
3	11 Na 钠 22.99	12 Mg 镁 24.31											13 Al 铝 26.98	14 Si 硅 28.09	15 P 磷 30.97	16 S 硫 32.06	17 Cl 氯 35.45	18 Ar 氩 39.95	M L K	8 8 2
4	19 K 钾 39.1	20 Ca 钙 40.08	21 Sc 钪 44.96	22 Ti 钛 47.87	23 V 钒 50.94	24 Cr 铬 52	25 Mn 锰 54.94	26 Fe 铁 55.85	27 Co 钴 58.93	28 Ni 镍 58.69	29 Cu 铜 63.55	30 Zn 锌 65.47	31 Ga 镓 69.72	32 Gc 锗 72.64	33 As 砷 74.92	34 Se 硒 78.96	35 Br 溴 79.9	36 Kr 氪 83.8	N M L K	8 18 8 2
5	37 Rb 铷 85.47	38 Sr 锶 87.62	39 Y 钇 88.91	40 Zr 锆 91.22	41 Nb 铌 92.91	42 Mo 钼 95.9	43 Tc 锝 (98)	44 Ru 钌 101.1	45 Rh 铑 102.9	46 Pd 钯 106.4	47 Ag 银 107.9	48 Cd 镉 112.4	49 In 铟 114.8	50 Sn 锡 118.7	51 Sb 锑 121.8	52 Te 碲 127.6	53 I 碘 126.9	54 Xe 氙 131.3	O N M L K	8 18 18 8 2
6	55 Cs 铯 132.9	56 Ba 钡 137.3	57~71 La~Lu 镧系	72 Hf 铪 178.5	73 Ta 钽 180.9	74 W 钨 183.8	75 Re 铼 186.2	76 Os 锇 190.2	77 Ir 铱 192.2	78 Pt 铂 195.1	79 Au 金 197.0	80 Hg 汞 200.5	81 Tl 铊 204.4	82 Pb 铅 207.2	83 Bi 铋 209.0	84 Po 钋 (209)	85 At 砹 (210)	86 Rn 氡 (222)	P O N M L K	8 18 32 18 8 2
7	87 Fr 钫 (223)	88 Ra 镭 (226)	89~103 Ac~Lr 锕系	104 Rf 𬬻＊ (261)	105 Db 𬭊＊ (262)	106 Sg 𬭳＊ (266)	107 Bh 𬭛＊ (264)	108 Hs 𬭶＊ (277)	109 Mt 鿏＊ (268)	110 Ds 𫟼＊ (281)	111 Rg 𬬭＊ (272)	112 Uub ＊ (285)								

注：相对原子质量录自2001年国际原子量表，并全部取4位有效数字。

镧系	57 La 镧 138.9	58 Ce 铈 140.1	59 Pr 镨 140.9	60 Nd 钕 144.2	61 Pm 钷 (145)	62 Sm 钐 150.4	63 Eu 铕 152.0	64 Gd 钆 157.3	65 Tb 铽 158.9	66 Dy 镝 162.5	67 Ho 钬 164.9	68 Er 铒 167.3	69 Tm 铥 168.9	70 Yb 镱 173.0	71 Lu 镥 175.0
锕系	89 Ac 锕 (227)	90 Th 钍 232.0	91 Pa 镤 231.0	92 U 铀 238.0	93 Np 镎 (237)	94 Pu 钚 (244)	95 Am 镅＊ (243)	96 Cm 锔＊ (247)	97 Bk 锫＊ (247)	98 Cf 锎＊ (251)	99 Es 锿＊ (252)	100 Fm 镄＊ (257)	101 Md 钔＊ (258)	102 No 锘＊ (259)	103 Lr 铹＊ (262)

请把元素周期表放在眼前，看一看上面的基本内容，再加以整理。

元素周期表有“长周期表”和“短周期表”之分，那么它们之间又有哪些区别呢？

短周期表的组成，直列是Ⅰ族到Ⅷ族，再加上0族，一共是9族；横行则是依据原子价的不同来作区分的。但是Ⅰ族到Ⅷ族属于同一直列（同一族）的元素，因为有化学性质完全不同的两种族，所以又分成A族和B族。

从另一方面看，元素周期表的横行分成由1至7的周期。其中，在1、2、3周期，元素的个数分别为2、8、8，所以被称作“短周期”。在4至7周期，元素的个数则是18、18、32、32，故被称作“长周期”。

另外，在对同一周期的元素进行比较时，越往左，金属性越强，越往右，非金属性越强。

因此，阳性（会变为阳离子的性质）会由左边向右边逐渐减弱，与此相对的，阴性（会变为阴离子的性质）则会逐渐增强。

也就是说，处于同一周期的元素，随着原子序数的增加，性质也会逐渐发生变化。ⅦB的元素阴性最强，而且，越往下，元素的阳性越强；越往上，则元素的阴性越强。

短周期表和长周期表的差异在于，各自以短、长周期为依据制表。在长周期表里，A和B分成左右两边，让人一眼就可以分辨出金属元素和非金属元素。这也是元素周期表的一大优点。

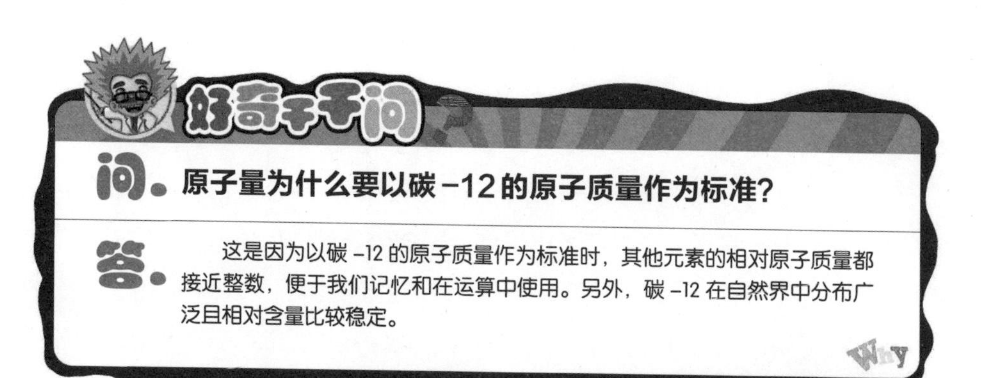

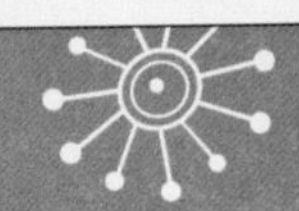

[苏联] 费尔斯曼

在元素周期表上的幻想旅行

费尔斯曼，苏联著名的地球化学家、矿物学家，是创立地球化学的先驱者和奠基人。同时他也是一位才华出众的科普作家，被西方科学家称为“伟大的俄罗斯地质学家中最伟大的一个”。他的主要著作有《趣味地球化学》《趣味矿物学》等。

请将元素周期表想象成一栋用铬钢建造的圆锥形或角锥形的建筑物。这栋建筑物高20~25米，差不多有五六层的楼房那么高。在锥形的楼体外面围着一个巨大的螺旋梯，螺旋梯的内侧分布着一个个的方格，方格的排布方式与元素周期表的相同：横行是周期，竖列是族。每个方格都像是一个小房间，里面各住着一个元素。数不清的游客顺着螺旋梯向下走，参观着每个房间里的元素，就像看动物园笼子里的各种小动物。

当你走进这栋“元素大厦”，就可以乘坐升降机由下往上升，一直升到大厦的顶端。站在“元素大厦”的楼顶上，螺旋梯会引领你一步步向下走去。你只需扶着铬钢制成的栏杆，就可以在元素周期表上自由旅行了。

走到第二格，可以看见方格上写着一个大大的“氦”字。氦是一种惰性气体，最早发现其存在于太阳上，它渗透在地球的每个角落，岩石、水和空气中都有它的身影，它还可以用来填充飞艇。在氦的这个房间里，我们可以看到氦的全部历史：从太阳日冕里的亮绿色光谱线到丑陋的黑色钇铀矿（斯堪的纳维亚的一种矿脉，从这种矿脉里可以提取氦）。

你小心翼翼地探出身子从栏杆上往下看，发现氦的方格下面还有五个方格，它们的身上同样写着火焰般的字。那就是其他5种惰性气体的名字：氖、氩、氪、氙和镭射气——氡。刹那间，所有惰性气体的光谱线都亮了起来，各种各样的颜色纷纷闪现。氖气呈现红色和橘色的光线，随后是氩气那蓝青色的光线。混杂其间的还有其他比较重的惰性气体所散发的淡蓝色的微微颤动的长条光带。在城市里，很多商店用这种光来招揽生意，这对我们来说已经很熟悉了。

光带消失，你来到了锂的方格前。锂是最轻的碱金属，在这里，你可以从它的全部历史一直看到它在未来飞机上的应用。你再探出身子往下看，下面同样亮着锂的同伴的名字：有黄色的钠，紫色的钾，发红的铷和发蓝的铯。

你就这样沿着螺旋梯一步步地向下走去，把元素周期表里的元素逐个看完，所有的元素都会呈现在你的面前。但是，在这里，每个元素的历史并不是用文字和插图来表现的，它们都被做成了生动、真实的标本，以便人们更好地了解。

就拿生命和世界的基础——碳来说吧！没有哪个方格能比它更神奇了！活物质的全部发展史如影片般在你眼前放映，你还可以看到它们死亡的全部历史：深埋地下的生命最终变成了煤，而活的原生质则成了液态的石油！展开这幅由几十万种碳化合物构成的奇异图景，你的注意力一定会被定格在它的一头一尾上。

看！那颗硕大无比的金刚石晶体，它可不是英国国王的那颗“非洲之星”，而是俄国沙皇镶在金手杖上的“奥尔洛夫”。这个房间的最后是煤层。用镐去凿击它，一块块的煤就会顺着长长的输送带来到地面上。

等你在螺旋梯上绕过了两个大圈，一个房间出现在你的面前，它的颜色非常艳丽，黄的、红的、绿的石块上闪烁着彩虹的全部色彩。房间里放映着慢节奏的影片，一个个矿井的镜头出现在屏幕上，将金属起源的情况如实地展现出来。原来，这就是钒，它的英文名称来自于神话里的一个女神，因为钒和女神一样有着无与伦比的魔力，它能

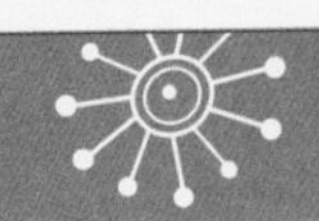

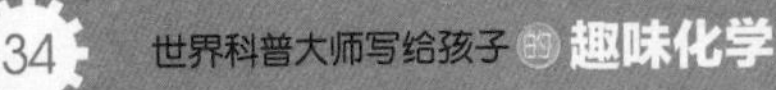

让钢铁更加坚硬耐久，更加有韧性，即使弯曲也不易折断，这些都是汽车轴所必备的特质。所以，在同一个房间里，你可以看见两种不同的轴：一种是钒钢制成的，安装了它的汽车已经跑过了几百万千米；另一种是普通的钢制成的，安装了它的汽车连一万千米都没有跑完就已经坏了。

你在螺旋梯上又转了几圈，发现每个房间都有它的特色。这是铁，是地球与钢铁工业的基础；这是碘，它的原子散布在每个角落里；这是锶，用它可以制造红色烟火；这是镓，一种亮白色的金属，放在手中就会熔化。

快看，金的房间多么漂亮！它散发着千万点火星。这是白色的石英矿里的金子；这是外贝加尔湖的金矿里的金子，它和银混在一起，颜色泛绿；还有那阿尔泰列宁诺哥尔斯克选矿工厂的小模型，淘金的水流从你眼前淌过；这是一些含金的溶液，闪烁着彩虹的迷人光彩；这是金子在人类发展史上的作用。金是一种充满了财富与罪恶的金属，它引起了抢劫掠夺，挑起了战争！灿烂的金光依旧在你的眼前闪耀着，这是国家银行地下库房里的金块，这是著名的维特瓦特尔斯兰金矿里奴隶们辛勤劳动的场景，这是操纵着股市命运与金币价格的银行老板。

紧挨着金的房间住着另一种金属——液态的汞。汞的房间是按1938年的巴黎博览会来布置的，房间中央是一座喷泉，只不过喷出来的不是水，而是银白色的汞。房间的右边放着一台小蒸汽机，活塞在汞的蒸汽中有节奏地律动着。左面展

览的是这个挥发性金属的全部历史，以及它在地底下的分布情形。

再向下看。经过铅和铋之后，你会看到这样一幅莫名其妙的画面：几种元素与方格混乱地交织在一起。其实，你是走进了元素周期表中一些特殊原子的区域。它们也是金属，但和你所熟悉的那些稳定不变的金属不太一样。你觉得这幅画面很陌生，甚至有些模糊，但是突然这幅模糊的图画里出现了奇幻的景象。

铀和钍的原子都不愿意乖乖地待在原地不动。它们放出射线，产生氦原子。于是铀原子和钍原子就各自离开了居住的方格，跳进了镭的地盘，还在人家的格子里放出耀眼的、奇幻的光，然后就像神话故事中说的那样幻化成了看不见的气体氡，稍后它又在元素周期表里跑来跑去，最后在铅的方格里停了下来。

看啊，还有一幅图画比刚才那幅更加离奇：一些急速飞驰的粒子冲向了铀，在一阵噼噼啪啪、轰隆轰隆的声音之后，把铀劈成了许多碎块。碎块释放着灿烂的光芒，在螺旋梯上的稀土族方格里燃烧了起来，随后它又顺着螺旋梯向下，在几个和它无关的金属格里停留了片刻，最后在属于铂的方格附近慢慢熄灭了。

如此一来，我们心目中有关原子的概念是否就要发生改变了呢？我们的定律不是说任何物质都不能让原子发生变化吗？不是说锶原子就该永远是锶原子，锌原子就该永远是锌原子的吗？难道现在这些定律都被打破了吗？

你或许会感到十分失望吧。仿佛我们之前说过的有关原子的一切都是靠不住的。就像你闯进了某个陌生的世界，这里的原子是不稳固的，它会崩塌，但并没有被消灭掉，而是变成一个别的原子。

这么说来，我们从前说过的那些岂不是都不可信？难道说炼金术士想从汞中炼出金子的想法竟是正确的吗？从砷和“哲学家之石”中真的可以炼出银子来吗？科学幻想家在100年前幻想过的原子可以互相转换竟然也是正确的吗？

元素周期表绝不是一张由方格简单拼接而成的表格。它不仅能体现今天的状况，也能表现过去与未来的情况：元素周期表展现的是宇宙中一种原子到另一种原子的神秘变化过程，它是原子世界里原子为生存而奋斗的一幅图画。

元素周期表是描述宇宙的历史与现状的表！而原子只是宇宙大家庭里的一个小单位，它在元素周期表中的周期、族和方格里的位置始终都在改变。

正因如此，你才看到了我们的世界里最奇妙的景象。

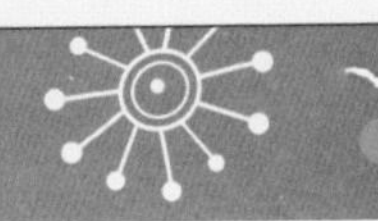

［俄国］尼查耶夫

各具特色的金属元素

金属元素在元素周期表里占有举足轻重的地位，整个元素周期表共有103种元素，金属元素就占了81种。金属元素数目繁多，从我们熟悉的金、银、铜、铝，到我们比较陌生的铌、钽等，可谓应有尽有。

原子的结合方式相同，是所有金属的共同点。通常状况下，金属元素会让原子最外层的电子相互重合，从而使电子可以自由活动。也正是因为这种自由电子的结合（金属结合），金属才具有了导电和传热的特性。

即使在外力的重压下，金属也不会轻易破碎。但在有需要时，可以设法使它延展、弯曲或成为薄片。比如，黄金可以被碾延成百万分之一毫米厚的金箔，据说1克黄金可以延伸2千米。

这种现象的产生，主要是由于金属的原子在上下左右有规则地排列着，即使强大的外力使金属层被破坏，排列的关系也不会发生改变。

如果把拥有共同性质的金属元素分类，就会看到它们固有的特征。

在元素周期表中，Li（锂）、Na（钠）、K（钾）、Rb（铷）、Cs（铯）、Fr（钫）属于同一族金属，它们被称为碱金属。这类金属大多很轻，且质地柔软，能用刀进行切割，它们的熔点也极低。这是由于它们原子的最外层只有一个电子，最外层的空隙很大，这个电子便可以自由活动，因而这类金属的原子容易变成一价的阳离子，它们的化合物也极易溶解在水中。因为它们的氢氧化物或碳酸盐的水溶液呈碱性，所以它们便被称为“碱金属”。

碱金属溶解于海水中的量非常大，例如，钠（Na）离子和氯（Cl）离子结合会生成氯化钠（NaCl），而氯化钠就是我们日常吃的食盐的主要成分。海水之所以有咸味也是因为其中含有钠离子。

ⅡA族中的Be（铍）、Mg（镁）、Ca（钙）、Sr（锶）、Ba（钡）、Ra（镭）被称为碱土金属。这些金属的原子容易变成二价的阳离子，其水溶液呈强碱性。

此外，碱土金属还具有一种被称作焰色反应的特征。把铂丝浸泡在含有这类金属离子的液体里，取出后以火烧烤，便会呈现出亮丽的色彩：Sr（锶）呈现红色，Ba（钡）呈现绿色，Ca（钙）呈现橙色。不同的元素，火焰呈现的颜色也不相同。

除碱土金属之外，碱金属和Cu（铜）也会出现焰色反应。焰火就是利用这一反应原理制成的。在焰火中，放出黄色光亮的是Na（钠），放出紫色光亮的则是K（钾）。

金属元素很多，除上面所说的几个种类之外，还有一些被称为过渡元素的金属。在元素周期表中，从ⅠB族、ⅡB族、ⅢB族……ⅦB族，到Ⅷ族，都属于过渡元素。

Ti（钛）大多用于制造战斗机的机体；Cr（铬）的颜色会因为结合方式的变化而变化；Mn（锰）是最受瞩目的海底资源；Fe（铁）是血液里血红素的成分；Co（钴）可以制成蓝色的颜料；Ag（银）的导电性和传热性能极佳；Nb（铌）具有超导性；Au（金）和Pt（铂）一直以来都被看作贵金属之冠……以上这些金属都是过渡元素的代表。

另外，用来制造铝罐、窗框、铝箔的Al（铝），以及在合金中应用广泛的Sn（锡）等，也都属于金属。

[俄国] 尼查耶夫

用光谱仪采集元素的“指纹”

对于实验科学来说，光谱仪是一种十分重要的仪器，它的作用在于分解光。就像小雨滴可以分散阳光使彩虹出现一样，光谱仪可以把特定光源的光分散开。当然，它使用的并不是小雨滴，而是棱镜或光栅。利用光谱仪，可以把光分成几种颜色的光谱，再通过光谱来确认各种光有哪些特别的颜色或波长。

光谱仪的出现，帮科学家们确立了一种依照光的“指纹”来判断原子种类的方法，即通过研究物质所放出的光来判断物质的种类。科学家就是利用光谱仪发现了门捷列夫所预言的一种未知的元素。

通过元素所发出的光谱颜色，我们就可以大致判断出元素的种类。例如，将铜的化合物放入火焰会看到明亮的绿色光，将锶的化合物放入火焰则会看到深红色的光。每种元素发出的光都是该元素所特有的，所以通过这些光便可以判断元素的种类。

如果想对元素发出的光进行更深入的研究，那么就需要用到棱镜或光栅了。光栅实际上就是把在显微镜下才能看到的棱镜以一定的间隔排列起来。

光通过棱镜或光栅会改变方向，也就是我们通常所说的折射。折射的角度会因光的颜色而有所不同。太阳的白色光是由多种不同颜色的光混合在一起形成的。如果让太阳光通过棱镜，就会发现红色光的折射率最小，橙黄色光比红色光的折射率稍大一点，黄色光比橙黄色光又大一些，接着是绿色光、青色光、蓝色光，最后是折射率最大的紫色光。如此一来，白色的太阳光就被分成了像彩虹一样的七种颜色。

碳的光谱中包含了从红到紫的各种颜色，所以，如果用碳的弧光灯来做光

源，那么它照出来的光大致就会呈白色。

碳弧光灯的基本部件是两根直径1厘米的碳条，其中一根横着插在左边，另一根在下面向上倾斜。两根碳条的前端在金属盖子里面相对，只留着极小的间隔。在金属盖子的中央有一个黑黑的洞，洞口装着深红色的玻璃，通过玻璃可以看到两根碳条的前端。光从弧光灯中发出之后，会依次经过一面透镜、一个垂直的细长裂口，再经过另一面透镜，最后遇到一个方形的光栅。光穿过光栅之后会被分解成光谱，显现在后面的幕布上。

如果在弧光灯的两根碳条上通上强大的电流，那么这两根碳条之间就会放出十分明亮的光，也就是我们通常所说的弧光。这是由于碳条通电之后，所产生的热量与电流刺激了碳原子，激发了电子的活性，使其放出了碳特有的光。

如果在通电之前将某种元素的溶液涂到其中一根碳条的一端，那么这种元素也会在碳发光的同时，发出自己特有的光。例如，把一些钠溶液涂在任意一根碳条的前端，钠原子便附着在了碳条上，如此一来，从弧光灯中所发出的光谱便成了碳与钠光谱的叠加。碳光谱中的各种颜色较为均匀，如同太阳的白色光一般，而钠光谱中的黄色部分却很抢眼（与其他颜色相比，黄色更为明显）。这是因为碳的光谱就好像是钠光谱的背景，将钠光谱中的黄色部分显著地突出来了。

利用这一现象，我们制造出了高速公路边的路灯——钠黄色灯。钠的黄色光一经白色或黄色物质的反射，就会被加强。但是如果钠灯的灯罩是红色的，则会使放出来的灯光显现深茶色。这是由于钠的光谱中没有红色系的光，当黄色的钠光透过红色时，就变成了深茶色。

如果在碳条的前端涂的是含有钙原子的溶液，那么光谱上呈现出的就是钙特有的颜色。如果我们只让钠的光经过棱镜或光栅的话，那么只有极细的黄色线条呈现在光谱上，再无其他颜色。

以上所介绍的都是元素的“发光光

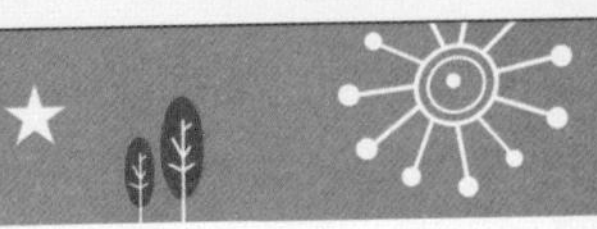

谱”，即元素所发出的光的光谱。与此相对的，元素还有另外一种性质，就是可以吸收与它本身所发出的光同种性质的光。

例如，钠自身可以发出黄色的光，同样的，它也可以吸收与此波长相同的黄色光。如果把含钠的玻璃板放在弧光灯前面，它就会把弧光中同波长的黄色光吸收掉，因此通过玻璃板的光中就会少了黄色成分。再将那些光通过棱镜或光栅，就会发现钠的黄色光不见了，而钠的光谱中所特有的线条，也会如相片的底片一般明暗互换，由原本的亮线变成了暗线。

换一种说法，就是在碳弧光灯和棱镜之间放一个装有钠的玻璃杯，则呈现出来的光谱就是从碳的光谱中除去钠的光谱后剩下的部分。这种光谱被称为钠的“吸收光谱”或“暗线光谱”。

因此，利用光谱仪辨别元素种类的方法有两种：一种是利用元素的原子在受到刺激时所放出的光的颜色和波长，另一种是利用被元素吸收的光谱，也就是依据元素吸收了它特有的颜色后，光谱所失去的那部分颜色。

如此，我们不仅可以利用光谱仪来识别已知的元素种类，还可以利用它去发现未知的元素。

而且，光谱仪是一种十分敏锐的仪器，即使是含量非常微小的元素，它也可以将其识别出来。比如钠元素，只要有十亿分之一克，就能够被光谱仪分析出来。同时，光谱仪与距离无关，因此它可以从太阳或者星星发出的光里辨别出其组成元素有哪些。

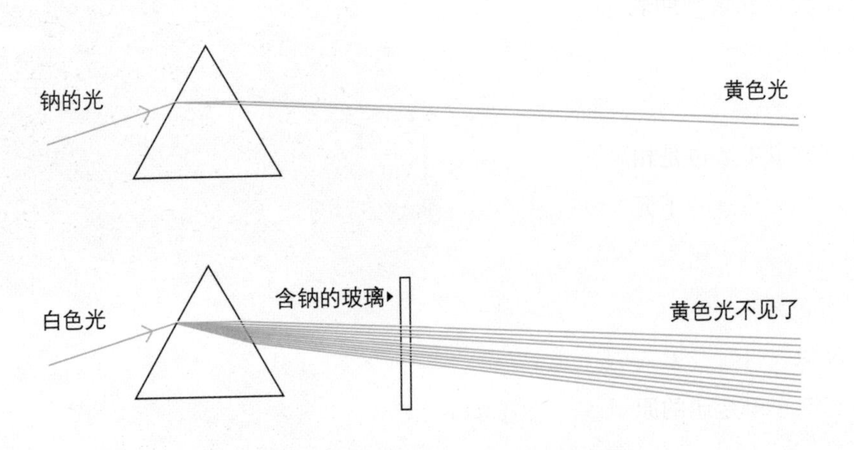

［俄国］尼查耶夫

这就是化学反应

我们已经知道化学家是怎么让两种元素结合起来变成化合物的，但是我们还不知道为什么两种元素可以发生化学反应。

原子结合成分子的方式有很多种，但不管是通过哪种方式，在发生化学反应时，原子核外的电子排列都会发生改变。可以说，化学就是一门研究电子排列变化的学科！

在元素周期表的第一横排，我们只能看到两种元素——氢和氦。它们都只有1层电子。

第二横排的8种元素——从锂到氖，它们都有2个电子层。第一层都是2个电子，第二层最多为8个电子。每个元素各层上的电子数都是固定的。

从锂开始，它的第二层上只有1个电子，紧接着铍有2个，以下按顺序递增，直到氖有8个电子，第二层满座为止。

同理，元素周期表中的其他5排也是这样。每一横排的第一个元素都要比上一排多一层电子，同时，它们的最外层都只有1个电子。

处于同一直列的元素属于同一族，同族元素的化学性质十分相似，它们原子最外层的电子数也是相同的。

如果你注意一下元素周期表最左侧的那一直列，就会发现这些元素的原子最外层所包含的电子数是一样的。氢、锂、钠、钾、铷、铯、钫，它们的最外层都是1个电子。

除氢以外，元素周期表最左侧那一直列的元素被称为“碱金属”。在发生化学反应时，碱金属的原子最外层只可以为对方提供1个电子。

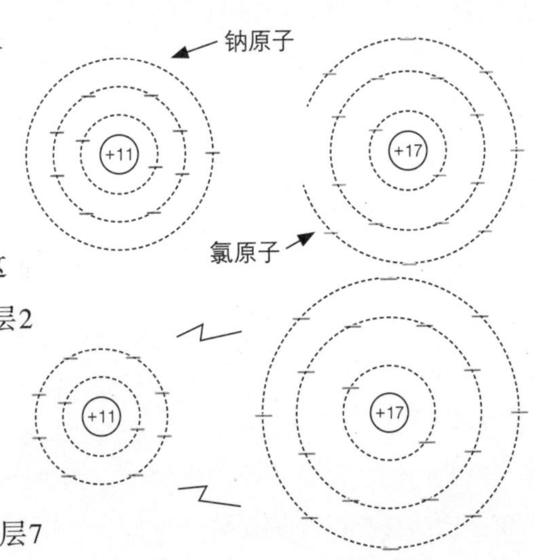

下面让我们以钠与氯结合成食盐分子的过程为例，来介绍这一反应。首先用二维空间（平面）图来表示钠原子，钠的原子核里一共有11个质子，核外是11个与质子中和电性的电子。这11个电子分布在3个电子层上，第一层2个，第二层8个，最外层只有1个。

氯的原子核里一共有17个质子，其核外的17个电子也分布在3个电子层上，第一层2个，第二层8个，第三层7个。由此不难看出，钠原子的最外层多出了1个电子，而氯原子则恰好缺少1个电子。所以把两者结合起来时，多出的和缺少的刚好相互弥补而凑成了完整的一对。

其实，化学反应就是这么一种现象，即钠原子最外层那一个单独的电子进入氯原子的最外层，从而把原本的空位填满。

如此一来，钠原子失去一个带负电荷的电子，成为带一个单位正电荷的钠"原子"，而与此同时，氯原子也因得到一个电子而成了带一个单位负电荷的氯"原子"。钠"原子"和氯"原子"便分别带上了正、负电荷，由于正、负电荷的相互吸引，它们便结合在一起，形成了化合物。

说这两种"原子"带着正负电荷，其实不够确切，应该说两种"离子"带着正负电荷。在失去或得到一个电子后，原子自身便带上了或正或负的电荷，我们把这样的原子称为离子。所以钠原子与氯原子的这种结合又被称为"离子结合"。

钠与氯发生反应的实验非常简单。氯是一种有刺鼻气味的浅黄色有毒气体，钠是一种柔软的亮银色有毒金属。把氯装进一只玻璃瓶，再把一小片钠放进去，用不了多长时间，氯和钠就会自动化合，变成食盐。

不过，无论哪种物质，想要用肉眼直接观察到，就必须有无数的分子聚集在一起。

[俄国] 尼查耶夫

解密有机化学与无机化学

有机化学和无机化学的差异到底在哪里？如果你笼统地解释"有机化学就是有关有机化合物的化学，无机化学则是……"这样只会让听的人更加糊涂。而且，"有机"与"无机"的说法，也通常会让人觉得枯燥乏味。

其实，无须把这个问题想得过于复杂。无机化合物是地球诞生时就已经存在的物质，而有机化合物则是与地球上的生物几乎同时出现的物质。

换句话说，有机化合物与无机化合物的差异，就在于是否与生命有着密切的联系，与生命"有"关的是有机化合物（在生物体内制造的化合物），与生命"无"关的就是无机化合物。碳水化合物（如砂糖、淀粉）、酒精以及蛋白质等都属于有机化合物。储存于岩石或黏土中的硅、氧化镁、食盐、水、水晶、钻石等都属于无机化合物。

有机化合物与无机化合物的比较

	有机化合物	无机化合物
化合物的种类	超过一百万种	数万种
成分元素	以碳、氢、氧为主，种类繁多	几乎以所有的元素为对象
熔点	低	由低到高，有各种不同的熔点
溶解性	不易溶于水，但易溶于有机溶剂	不易溶于有机溶剂，但易溶于水
可燃性	大多可以燃烧	大多不可以燃烧
反应速度	慢	快
稳定性	不稳定，易分解	稳定

上表是对有机化合物和无机化合物的比较，仔细观察比较，你就会发现，与

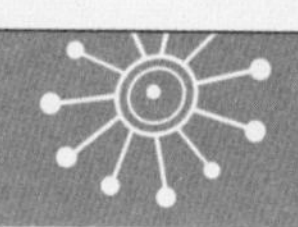

无机化合物相比，有机化合物的种类要多得多。

另外，有机化合物里都含有碳元素。不管是哪种有机化合物，在被火烘烤之后，都会产生碳，经过燃烧还会产生二氧化碳。所以，有机化合物也叫碳化合物。但并不是所有的碳化合物都是有机化合物，像一氧化碳、二氧化碳、碳酸盐、氰酸、氰化钾、二硫化碳等则属于无机化合物。

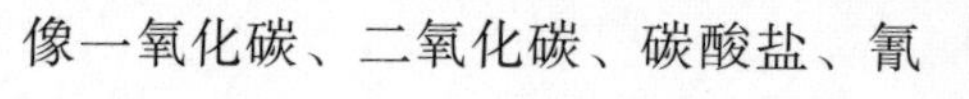

19世纪以前，人们认为，有机化合物都是由“神”创造的，人类是绝不可能制造出有机化合物的。因此，化学家们都把研究的重点放在了无机化合物上。

直到1828年，德国化学家维拉以氰酸铵NH_4OCN（一种无机化合物）为原料，用人工的方式成功地制造出了尿里的有机化合物——尿素$CO(NH_2)_2$。

这是人类首次用人工的方式合成有机化合物，在科学史上也是一项创举。

到19世纪末期，包括靛蓝在内的许多染料被合成出来。等到20世纪，药品、合成橡胶、合成纤维、塑料等也被制造了出来。如今，以元素或简单化合物来制造复杂的有机化合物的“有机化学”仍在不断发展。

有机化学与无机化学之间的界限，正在逐步消失。这主要是由于，差不多25年前，研究合成有机化合物的科学家们，只用到了元素周期表上前3行的元素，而现在，科学家们已经开始把注意力放在那些被忽略的元素上，这样就在无形中带动了无机化学的发展。

比如，尼龙和聚酯等有机系合成高分子，因其优良的加工性和经济性，已经开始取代木材和金属，在多个领域中被广泛地使用。但是有机系有耐热性不足的缺点，而且也存在着资源和废弃物利用方面的问题。因此，最近无机系高分子（无机系聚合物）已经开始使用了。

我们的地球

虽然人类早已学会利用各种元素来达成自己的目的，但是我们所掌握的元素与地球上的元素种类相比简直是小巫见大巫。

比如，某些元素十分丰富而某些元素却少得可怜，元素有着相当复杂的混合与化合方式，大气中的元素不会跑进太空里，等等。正是由于这些现实与偶然的自然条件的存在，我们的地球成了宇宙中一颗特殊的能产生生命，并能使生命得以生存、进化的行星。

以氧为例，它在宇宙所有物质的比例中只占几百分之一，而在地球上，氧却占了云及海质量的89%，地壳质量的46%。

元素是一切物质的最基本组成部分，它构成了地球上的数百万种物质，也就是说，构成了整个地球。

想要研究地球，就必须从元素入手，了解元素的各个方面，如元素在自然界中有什么作用，哪些元素的含量高，哪些元素的含量低，元素是怎么分布的，以及元素怎样维持生命，等等。

通过对地球内部传来的地震波的研究，我们对地球的内部构造有了大致的了解。地球由外及内主要包括三大部分：最外层是地壳，厚度大约为20英里或更薄一些；地壳往里直到地球半径的一半是地幔（Mantle），由玄武岩质的岩浆组成；地球的中心部分是地核（Core）。

由于缺少直接证据，我们目前只能以推测的方法来判断地核的性质。也就是说，先从地球对其他行星的引力效果来测算地球的质量，继而通过运算得出地核的质量。通过地震波推断，地核应该呈液态，但是地核的深处，也就是地核的中

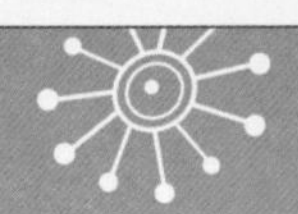

心部分，应该是固体的。

多种证据都已显示，地核是由金属陨石（陨铁）组成的，这与人们先前认为的地核是由镍和铁组成的想法是一致的。

地幔应该是由硅、氧以及少量的铁组成的，显然，这些成分也与从外太空飞来的石质陨石十分类似。

我们的生活区域集中在地球的外壳上面。与地球的内部相比，地壳、岩石圈以及周围的海洋和大气对人类的意义要深远得多。人们可以想方设法地攀爬到地壳的最高处——喜马拉雅山上，也可以挖掘到地下8000米深的地方，却无法深入到海下10000米处。发达的火箭技术可以让人类摆脱地心引力的束缚，却也只能让人类往返于距离地球平均36万千米的月球而已。

大气层、海洋以及陆地的表面，是与人类居住环境息息相关的部分，也就是我们通常所说的生物圈。而地球上各种生物的产生以及它们的生存条件的创造，却是得益于地壳内各种元素的相互配合。

那么，地壳里哪种元素最多？哪些元素是生命所必需的？它们的分布情况是什么样的？请看下页的表格。

这张表列举了几种我们所熟悉的元素在地壳中的比重，其中，氧、硅以及其他6种元素在地壳中的比重之和达到了98%以上。

元素在地壳中的比重

氧 Oxygen	46.600%
铝 Alaminum	8.13%
钙 Calcium	3.63%
钾 Potassium	2.59%
硅 Silicon	27.720%
铁 Iron	5.00%
钠 Sodium	2.83%
镁 Magnesium	2.09%
钛 Titanium	0.44%
锰 Manganese	0.100%
硫 Sulphur	0.052%
氯 Chlorine	0.0314%
锶 Strontium	0.030%
锆 Zirconium	0.022%
钒 Vanadium	0.015%
镍 Niccolum	0.008%
钨 Tungsten	0.0069%
氮 Nitrogen	0.00463%
锡 Tin	0.004%
铌 Niobium	0.0024%
磷 Phosphorum	0.118%
氟 Fluorine	0.06%~0.09%
碳 Carbon	0.032%
铷 Rubidium	0.031%
钡 Baryum	0.025%
铬 Chromium	0.02%
锌 Zinc	0.0132%

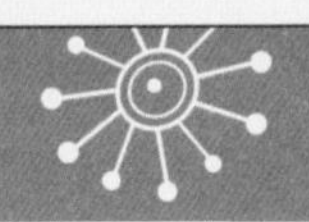

铜 Copper	0.007%
锂 Lithium	0.0065%
铈 Cerium	0.00461%
钇 Yttrium	0.0028%
钕 Neodymium	0.00239%
钴 Cobalt	0.0023%
铅 Lead	0.0016%
钍 Thorium	0.00115%
镧 Lanthanum	0.00183%
镓 Gallium	0.0015%

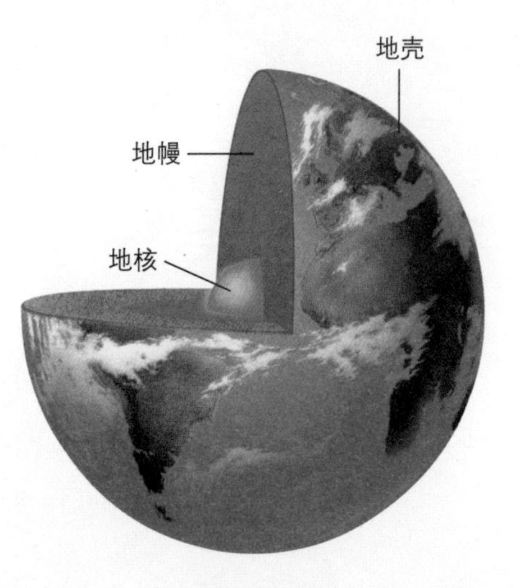

从上面的数据可以看出，氧和硅这两种元素的比重之和约占整个地壳的四分之三，这让人感到十分意外。要是再算上掺杂在固体地壳里的空气和水，那么，氧、氢、氮三者的比重极有可能还会上升。但是，因为地壳的含量也包括了生物体的物质和海洋里的矿物，如果把它们都计算在内的话，比重可能就不会发生太大的变动了。

通过对各元素在地壳中的比重的了解，我们不难看出这样一个事实：氧是人类生存环境的最主要组成部分。其存在形态主要包括三种：一种是以自由气体形态存在的氧，它是生物生存所不可缺少的；一种是液体形态的水（氢氧化合物），也是生物所不可或缺的；还有一种是固体的含氧化合物，它的种类数不胜数。

问。地球上含量最少的元素是什么？

答。 地球上含量最少的元素是砹，它在地壳中的含量不足十亿分之一。据测算，将整个地表中的砹全部集中到一起，也不会超过 0.5 克。砹是一种非金属元素，它的性质与氟、氯、溴、碘有许多相似的地方。

Why

第二章

丰富多彩的元素

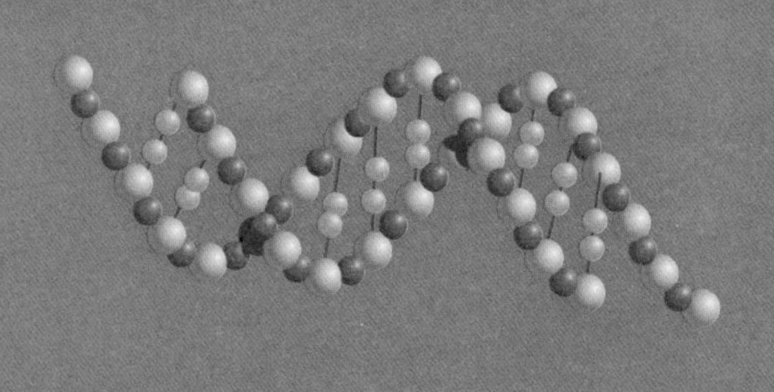

地球上的元素家族是一个人口众多的大家庭，100 多个成员各有各的脾气：有的活泼好动，一刻也不肯休息地与其他元素发生反应；有的成熟稳重，任谁引诱拉拢，也不愿改变本性；有的狡猾善变，刚刚出生就迫不及待地加入了化合物的阵营……现在，这些性格迥异的小家伙都在等待你的探索!

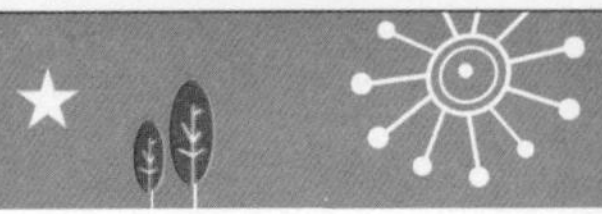

［俄国］尼查耶夫

入水不沉、冰上可燃的金属

当英国化学家戴维成功地分解出新元素钾的时候，他简直高兴得像个孩子，但是很快他就被一个个的新问题难倒了。

钾的发现激发了戴维的工作热情，当然，那个时候钾还不叫钾，戴维给它取名叫锅灰素（因为英国人把苛性钾称为锅灰，而钾正来源于苛性钾）。他当时一心想要收集到更多的新物质，以作详细研究。

但是这种物质的储存却给他出了难题，因为它具有一些很不平凡的性质。

首先，它执拗地“不愿意”保留自己纯净的初生形态。从一出生，这种金属就急着要自我毁灭——与其他物质化合。为此，戴维忙碌了好长时间，才最终找到一种方法，让它可以在初生形态下保存几天，不起变化。

其次，即便钾从熔融的苛性钾中产生的时候没有燃烧起来，在空气里，它依然不愿意安分。只需一瞬间，也就是跟你打个照面的工夫，它就会失去光泽而蒙上一层白膜。即使刮掉这层膜也没有用，因为它很快又会蒙上新的白膜。

用不了多久，薄膜就会从脆变湿润。再过一会儿，这块原本呈银色的金属，就会变成一堆轮廓模糊的灰白色糊状物。如果用手摸一下这种糊状物，你就会发现，它正是我们的老朋友——苛性钾，因为它摸起来的感觉就像肥皂一样，而且它还可以让红色石蕊试纸立刻变蓝。

从这个变化中我们可以看出：钾非常热衷于吸收空气中的氧和水蒸气，从而变回自身原来的状态——碱。

戴维还曾经把钾扔到水里，看它会有怎样的变化。通常来说，金属到了水里会立刻下沉，老老实实地待在水底。至少，戴维从前所了解的金属都是这样。

但是钾的脾气并非如此。它不但入水不沉，反而一边发出嗞嗞的“抗议”，一边在水面上乱窜。窜了一会儿之后，它还在震耳的爆响声中，喷发出淡紫色的火光。就这样，钾在火光和嗞嗞声中上蹿下跳，同时体积也越变越小，直到完全变成苛性钾，溶化在溶液里，不见了踪影。

不管戴维把这种“暴脾气”的金属放到哪里，都能引起同样的嗞嗞声、爆响和火光。即使有的时候，它看似与其他物质和平相处了一会儿，但很快，它仍然要霸道地把其他元素从它们的化合物里驱逐出去，让它们给自己让位置。

它在酸里也能燃烧，还会腐蚀玻璃。

在纯氧里，它会突然着火，并放出耀眼的白光，让你无法直视它的反应。

在酒精和醚里，它能把其中极少的水分找出来，立刻加以分解。

它很“愿意”，也可以极轻易地就与一切金属熔合在一起。

它与硫和磷化合时，还会着火。

就算在冰面上，它也能燃烧起来把冰烧出窟窿，除非自己整个都变成了碱，否则绝不会停下来。

钾就是这样一种不安分的元素，戴维该拿它怎么办？应该把它放在哪里，保存在哪里，又要怎样来保存它呢？

好像世界上根本没有哪种物质抵抗得了这种金属。但幸运的是，戴维最终还是找到了一种。

它就是煤油。

在纯净的煤油里，钾变得很安静。看来，它对煤油不是很感兴趣，所以愿意平静地待在里面。

知道了钾的这种性质之后，戴维再从苛性钾里制备出新的钾时，就会立刻把它们放进煤油里。

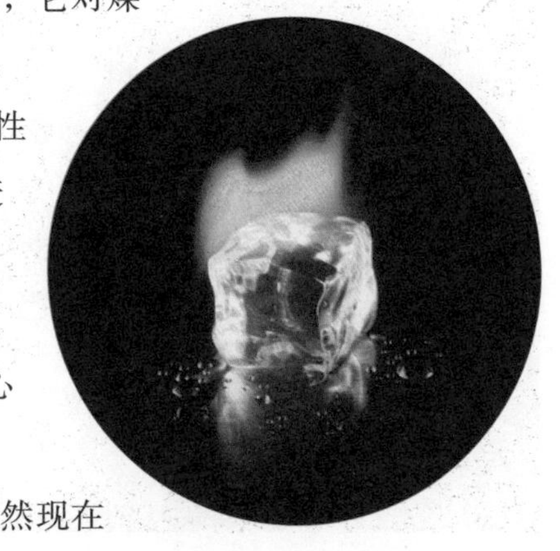

这样一来，后续的实验就容易多了。至少，钾的储存不成问题了，他就不必再担心实验会因为缺少钾而中断了。

可是没过多久，戴维又有了新困惑。虽然现在

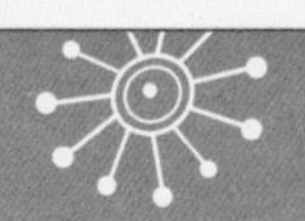

收集到的钾的分量已经足够用来研究它的性质了，但戴维又开始怀疑，这种物质真的是一种金属吗?

从一方面来讲，钾显然是一种真正的金属。因为在还没有来得及同空气中的物质发生化学反应前，它总是闪烁着金属般的美丽光泽，就像磨光了的白银似的。同时，它还有极佳的传电、导热性能，并可以溶解在液态的水银里，这都和其他的金属没什么两样。但从另一方面来说，它又很特殊。谁又见过遇水还能着火、在空气里瞬间就可以生锈的金属呢? 而且钾非常软，像蜡一样，用刀就可以轻易切开；它还非常轻，有时在比水还要轻的煤油里，也不会下沉。

黄金比它重20倍，水银比它重16倍，铁比它重9倍，甚至有些木料也比它重。这些都让它看起来不像金属。但即便如此，戴维依然认定它就是金属。

他想："钾如此轻，虽然奇怪，但是铁和黄金或者白金比起来，也可以算是很轻的金属了。还有水银处于它们之间：水银比白金要轻，但比铁重。因此钾属于金属是没有疑问的。"

"现在我们觉得钾不像金属，一定是由于之前已经习惯了旧金属的性质，又压根儿不知道还存在新金属。也许过一段时间，还会再发现几种除钾以外的新金属，到时候就可以把钾和铁中间的空隙全部填满了。"

后来，戴维的这个预言完全应验了。

[苏联] 费尔斯曼

制造罐头的锡

锡是一种很普通的金属，好像一点名气也没有。虽然我们在日常生活中经常用到，却很少会有人提起它。

这种金属热衷于为人类服务，却经常“做好事不留名”。青铜、马口铁、巴弼合金、活字合金、炮铜、镴箔、“意大利”粉、精美的搪瓷、颜料，这些丰富多样的物品在我们的生活中扮演着十分重要的角色，但是很多人可能不知道，构成这些物品的最重要成分就是锡。

锡这种金属的性质十分特别，即使到现在，它仍有几种性质让人无法解释。

刚从锡石中提炼出来的锡呈柔和的银白色（稍暗于银的光泽），有很好的延展性，熔点为231℃。锡可以展成极薄的薄片，这也是它比较特别的一点。

锡还有很多其他的特质。比如，锡会“喊叫”，如果把它弯曲，它就会发出特别的响声。另外，锡还“怕冷”，它对寒冷的感知十分敏锐。这个特点是需要格外注意的，因为锡一旦受冷就会“生病”，“症状”具体表现为：它会从银白色渐渐变成灰色，体积开始变大，身体则逐渐散碎，并常常会碎成粉末。这种被称为“锡疫”的病，对锡来说是很严重的，有很多富有艺术价值与历史价值的锡器，都毁在了这种病上。同时，有病的锡还能把“病毒”传染给没生病的锡，但好在“锡疫”是可以治疗的。只需把有病的锡重新熔化一遍，然后再让它慢慢冷却。如果冷却的过程做得十分到位，那么锡就可以恢复原有的样子和性质了。

在远古时期，锡就曾有力地推动了人类社会的发展。锡是人类的老相识了，人类对锡的利用也比对铁的利用早得多。早在公元前五六千年的时候，人们就已

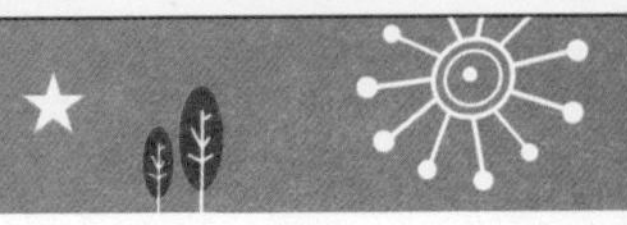

经掌握了熔炼锡的技术，而那个时候，人类还不会熔炼铁。

纯净的锡柔软且不结实，不适合制造物品。但如果把10%的锡掺入铜里，便可以制成一种金黄色的合金——青铜。青铜的质地非常好：它比纯净的铜还要硬，且极易浇铸、煅打和加工。假设锡的硬度为5，那么铜的硬度就是30，而青铜的硬度则可以达到100，甚至是150。青铜的优良质地让人类在一个特定的时期里广泛地应用它，考古学家们甚至将这段历史时期划出来，称为“青铜器时代”。那一时期，人们所使用的劳动工具、生活用品、装饰品和武器都是以青铜为主要原料制造的。但当时的人们是如何发现这种了不起的合金的，现在还不得而知。

锡还可以对其他金属进行“焊接”，这一性质也意义重大。锡对印刷业的发展也有推动作用，它是所谓的“活字合金”的主要成分，而我们通常所说的“铅字”就是用活字合金浇铸而成的。

在化学工业和橡胶工业中，锡的多种化合物也得到了广泛的应用。比如，用于印花布工业，用于毛和丝的染色，以及用于制造搪瓷、釉药、有色玻璃、金箔和银箔等。至于锡在军事工业中的重要作用，就更不必多说了。

现如今，全世界每年都要出产约20万吨的锡，这些锡的40%~50%是用来制造马口铁片的。

马口铁片的需求量是随着罐头工业的迅速发展而急剧增长的。千百万千克的肉、鱼以及蔬菜和水果都要装进用马口铁片制成的罐头里面。这时，你是不是要问了，马口铁片是什么呀？为什么要用它来做罐头呢？其实，马口铁片就是涂了一层薄锡的铁片，这层锡只有约百分之一毫米厚。涂上了锡之后，可以有效地防止铁生锈。而且纯净的锡不会被罐头里的汁液所溶解，因而几乎不会对人的身体健康带来威胁。可以说，涂锡是制作马口铁片的最佳选择，因为只有在涂锡的情况下，铁的性质最稳定。

现在我们可以说，锡已经度过了它的“青铜器时代”，正式变成“做罐头的金属”了。

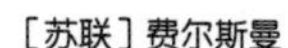

稳固的钙

一次，我在旅行途经新罗西斯克市的一家大水泥工厂时，工厂里的工程技术人员邀请我为他们作一次有关石灰岩和泥灰岩的演讲。但是我对石灰岩完全没有研究，便以石灰岩的基础——金属钙为主题，开始了下面的演讲：

你们从事水泥工作，水泥工业以制造胶结物质为主，是一类相当重要的建筑工业部门，所以，了解钙原子的历史，对于你们的工作来说，十分有意义。

从化学家和物理学家那里，我们知道了钙在元素周期表中占据着十分特别的位置，它的原子序数为20。也就是说，钙原子中心的原子核里包含着两种极小的粒子——质子和中子，原子核外有20个高速旋转的带负电的小粒子，即我们通常所说的电子。

钙的原子量为40，它属于元素周期表的第二族，也就是在该表从左边起的第二竖列里。在形成化合物时，钙需要失去2个带负电的电子来生成稳定的分子。用化学家的语言来说，钙的化合价为+2。

你们看，刚才我提到的20、40这两个数字都是可以被4整除的。这样的数字在地球化学中有着非凡的意义，在我们的日常生活中也是如此。如果我们要想让随便一件物品站稳，就需要用到能被4整除的数，比如说，桌子通常有4条腿。任何建筑物或其他可以站稳的物体，一般都是对称的，它们的左边正好与它们的右边相等。

与钙原子相关的数有2、4、20、40，从这几个数字我们就可以看出，钙原子的性质十分稳定，我们甚至都不知道需要几亿摄氏度的高温才能把这个由1个原子核和20个核外电子所组成的稳固结构破坏掉。钙占整个地壳成分的3.4%，它在

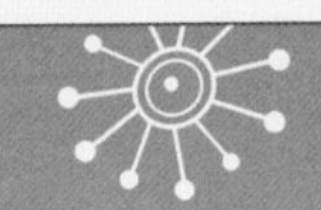

地壳中的分布规律与钙原子自身的稳固结构也是分不开的。

钙对生物的发展历史也有着杰出的贡献。在生物漫长而复杂的繁衍进化过程中，每种生物都在为自身长出稳固结实的身体而矢志不渝地斗争着。钙正好为它们提供了帮助。

柔弱的动物体通常抵挡不了敌人的攻击，随时都面临着被毁坏和消灭的危险。所以，它们需要保护自己，要么在软体的外面包一层坚硬的皮壳，就像铠甲一样；要么在身体的内部搭起一个架子，也就是所谓的骨骼，并以坚硬的骨骼来支撑柔软的身体。而在这一过程中，钙就是构成坚硬结实的物质的基础。

最早是磷酸钙加入了贝壳里，那些发现于地质史初期的小贝壳，就是磷灰石构成的。但是这样取得的钙并不太稳固：磷是生命所必需的元素，而地球上也不是随处都有足够的磷可以供给生物体来制造坚硬的贝壳。这时，一些不太会溶解的化合物走进了动植物的发展历史，动物们开始用蛋白石、硫酸锶、硫酸钡和碳酸钙等更便利的化合物来制造身体的坚硬部分，其中最合适的就是碳酸钙。

当然，磷依然很重要。虽然大部分的软体动物和虾，以及一些单细胞生物，开始普遍地以碳酸钙来建造美丽的外壳，但陆地上动物的骨骼却仍要以磷酸盐来制造。在人和一些大型动物的骨头里的正是磷酸钙，它本质上与我们开采的磷灰石十分相近。但不管是碳酸钙，还是磷酸钙，起决定作用的都是钙。差别仅仅在于：在人骨头里的是钙的磷酸盐，而在贝壳里的则是钙的碳酸盐。

聚集在海底的贝壳和其他海洋动物骨骼里的钙，足有数十万种形式之多。这些动物死去之后所遗留下来的遗骸堆积成一座座碳酸钙的坟墓，这就是新岩层与未来山脉的开端。

不仅对人体的发育，就是对人类社会的发展，钙也有着不可磨灭的作用。在人类知道了钙之后，便开始把它应用到各个领域。人们不仅将各种纯净的大理石和石灰石（钙的化合物）应用到建筑领域，而且还掌握了用大理石

和石灰石制造石灰和水泥的方法，而这两种东西——石灰和水泥，正是我们水泥工业的基础。

在药物化学、有机化学和无机化学等学科的研究领域，处处都可以体现钙的巨大作用；在化学家、技术专家和冶金学家的实验室里，也随处可见钙的决定作用。这一切在今天看来早已不算什么，在我们的周围有很多钙，我们还可以让这种稳定的元素去参加更为细致的化学反应。如今，人们不但可以把石灰石里的二氧化碳驱逐出去，还可以隔断钙和氧的关系，制取到纯净的钙。那是一种有金属光泽的、闪亮的、柔软且富有延展性的金属，在空气中燃烧之后，会在表面结一层薄膜，成分与石灰一样。

钙原子特别喜欢和氧原子化合在一起，利用这一性质，人们把钙原子加入熔化的铁里，让钙帮忙去除其中的氧原子。这样，人们就不用再苦苦寻求各种各样的去氧剂，也不用再用费事的方法来去除对铸铁和钢有害的气体了。

这回你们了解了吧，钙原子的历史是超乎我们的想象的。可以说，在地球上的所有元素中，几乎没有哪个在地球的发展史上起的作用比钙还大，同时又在工业发展上比钙更加重要。既然我们可以利用这种原子去制造新的而且可能是空前牢固的用于建筑和工业的材料，那么我们就一定可以有更多的发现。

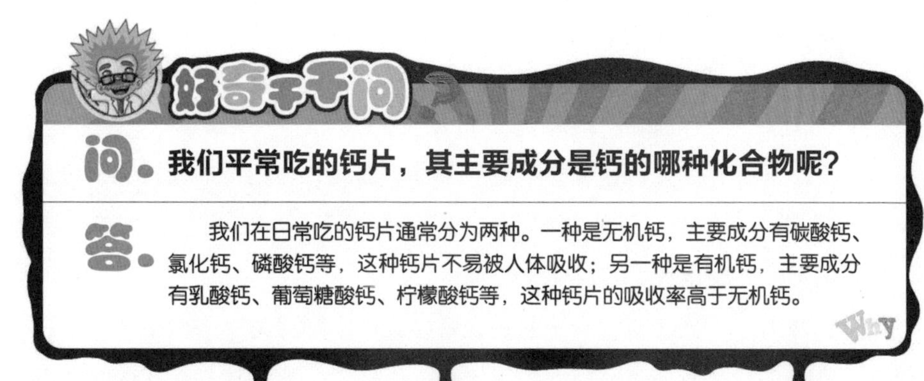

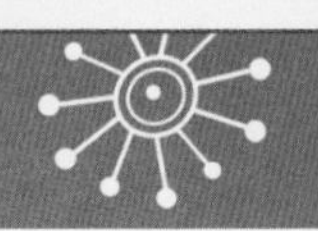

［苏联］费尔斯曼

稀有金属用途多

组成地壳的化学元素有数十种之多，但其中只有15种元素是比较常见的——几乎在任意一种岩石里都能找到它们的身影，剩下的元素就都较为少见了。

这些比较少见的元素，有的大批量地聚集到一处，在岩层中生成矿石。有的像金、铂那样，生成肉眼勉强可见的天然金属颗粒，只在极少数地区才生成比较大的天然金属块。还有的不生成纯态的矿物，一般溶解、分散在其他元素的一些矿物里，这类元素通常又被称作分散元素。

在生活中、工作中，甚至是学校的化学课本里，我们基本上都没有接触过这类元素，但是随着工业科技的进步，这些元素离我们的生活却越来越近了。它们虽然含量极少，但应用价值却很高，这与它们独特的用途是分不开的。

这类元素中比较有代表性的是：镓、铟、铊、镉、锗、铼、硒、碲、铷、铯、镭、钪、铪等。可以看出，其中大部分是金属元素，下面我们就将从用途、用法等方面列举几种稀有金属元素及它们的化合物。

镉，是一种浅灰色的金属，质地柔软，容易熔化，熔点为321℃。著名的武德合金就是用一分镉、一分锡、两分铅和四分铋制成的。虽然这四种金属的熔点都在200℃以上，但它们制成合金之后的熔点只有70℃。

可以想象一下，如果把这种合金制成茶匙，那么，再用它取糖放进装着滚烫热茶的杯子里，并不断搅拌的时候，它就在这杯热茶里熔化了，而在茶杯的底部、茶水的下方，却出现了一层熔化的金属！

如果按照另一种比例来配合这四种金属，就可以制得另一种合金——里波维兹合金，它的熔点更低，只有55℃！可以说，当你用手触碰这种熔化的合金时，

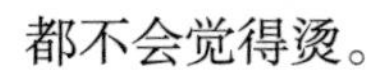

都不会觉得烫。

在很多工业部门里，都会用到熔点较低的金属。有一种金属，拿到手里就会熔化，最重要的是它还是一种纯金属，并非合金。这种金属就是镓，也属于稀有的分散元素，它和其他几种分散元素通常含在云母、黏土以及闪锌矿和其他一些矿物里。

镓的熔点为30℃，它是除汞（汞的熔点为-39℃）之外最易熔化的金属，所以它可以在很多方面取代汞的工作。众所周知，汞的蒸气是有毒的，但镓的却没有毒。镓可以跟汞一样，用来制作温度计。用汞制成的温度计，其量程（测量范围）为-40℃~360℃，因为当温度达到360℃时，汞就沸腾了。而用镓制成的温度计却可以从30℃一直测量到玻璃变软的温度，即700℃~900℃。如果用石英玻璃来制造温度计的玻璃管，则测量温度可以达到1500℃，因为镓的沸点是2300℃。如果温度计的玻璃管是用特制的耐火玻璃制成的，那么这种温度计还可以测量火焰的温度，或者测量很多金属在熔化状态下的温度。

顺便提一下，镓还有一种很有趣的特性：就像水比冰重，冰能在水面上漂浮一样，熔化了的镓也比固体的镓重，所以固体的镓可以在液体的镓上漂浮。铋、石蜡、铸铁也有这种罕见的特性。其余物质则与镓相反，固体会沉到自己的液体之下。

还有几种稀有金属，它们的用途也十分重要。比如铟，它可以大大提高铜合金的稳定性，用含有铟的铜合金来制造潜水艇和水上飞机，能更好地抵抗海水的腐蚀。又比如用铷和铯制成的镜子极易放出电子，是制造光电管的必要材料。还有氧化钍一经加热便可以放出夺目的光彩，可以用来制造煤气灯罩。

现在我们已经了解了几种不平凡的稀有金属的特性和用途，知道了它们在不同领域的应用价值，那么也就该明白为什么这些稀有的分散元素如此受化学家的重视了。

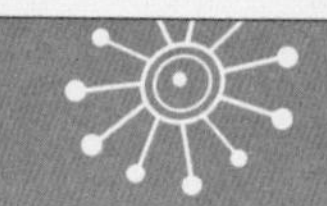

［苏联］费尔斯曼

谜一样的碘

对于碘这种东西，大家一般都很熟悉。当我们受伤时，就会涂上一些掺了牛奶的红褐色碘液。但是碘除了是大家所知道的一种药剂外，还有什么作用？它在自然界中有着怎样的命运？对于这些，我们所了解的就相当贫乏了。

实在没有哪种元素比碘更充满矛盾、更让人捉摸不透了。直到今天，我们还没有弄清楚地球上的碘究竟来自于哪里，更不可能知道碘为什么有药用价值了。

值得一提的是，伟大的化学家门捷列夫早就发现了碘讨厌的特性。他在按照原子量由小到大的顺序排列所有元素时，碘就跳出来给他制造了不小的麻烦：碘的原子量比硫小，可硫却应该排在碘的前面。

当时，差不多就只有碘和硫两种元素打破了元素周期律的整体性。固然，如今我们已经知道这样排的原因，但是在当时，这始终被认为是一个无法解释的例外，门捷列夫的伟大理论也因此屡次遭到别人的质疑。

碘是一种有金属光泽的灰色晶体，它看起来与金属无异，闪现着紫色的光芒。但是如果我们把它的晶体放进玻璃瓶，则很快就可以看见瓶子的顶部出现了紫色的蒸气：碘可以不经液态，直接升华。

这就是我们亲眼所见的第一个矛盾，很快第二个矛盾也接踵而至。碘本身是一种有金属形态的灰色晶体，可它的蒸气却是暗紫色的。而碘的盐类通常又是无色的，看起来与我们平时吃的食盐一样，只有极少数的几种呈黄色。

碘的谜题还不止这些。碘属于十分稀有的元素，它在地壳中的含量只占地壳总质量的千万分之一二，但是，如果以最精密的仪器来测算的话，那么在我们生活的世界里，绝对没有哪一处是没有碘原子的。

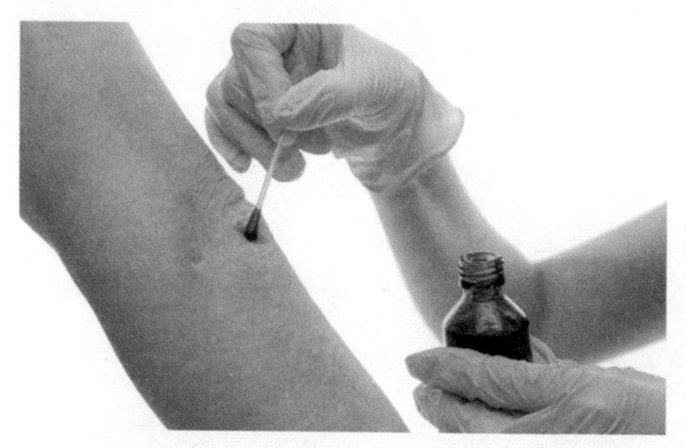

所有的物质中都含有碘。不管是坚硬的岩石和土块，还是最纯净的水晶或冰洲石，都包含着丰富的碘原子。海水里也包含着大量的碘，土壤和流水里的碘含量也不小，动植物及人的体内含量更高。我们呼吸时，会把饱含着碘蒸气的空气吸入体内；吃饭时，也会把含有碘的食物摄入体内。没有碘，我们根本就活不下去。于是由不得我们不好奇：为什么碘的分布如此之广？这么多的碘到底是从哪儿来的，它的最初来源是什么？

但是即便是最精密的分析与观察也没有揭开碘的神秘来源，因为不管是在火成岩的深处，还是在流动着的熔融的岩浆里，我们都没有找到一种碘的矿物。关于地球上的碘的来源，地球化学家是这样描述的：早在地质史前时期，当地球刚被包上一层坚硬的外壳时，地球上所有挥发性物质的蒸气便形成了浓密的云层，把当时灼热的地球包围了起来。这时，碘就与氯一起从地底深处熔化的岩浆里脱离了出来，被刚刚从热的水蒸气中凝结出来的水流抓了过去，最早的海洋就是这样把地球大气中的碘捕获并储存起来的。

碘的来源真的如地球化学家所说吗？我们至今也无法确定，而且就连碘在地球表面上的分布之谜，我们也没有解开。在高山和北极地区，碘的含量较少；在地势低洼或海岸边的岩石里则含量较多，在沙漠地区还要更多一些。

碘可以溶解到空气里，并且它在空气中的分布是遵循一种严格的规律的：它的含量会随着高度的变化而改变。在莫斯科和喀山的高度上，碘的含量不知要比在帕米尔和阿尔泰等4000米以上的高山上多出多少倍。

同时，我们已经知道，不仅地球上有碘，就连宇宙中也有。在那些从渺远的宇宙空间坠落到地球上的陨石里，我们就发现了碘。科学家曾经运用最新的方法来研究太阳等天体大气中的碘，但是到目前为止还没有成功。

海水中的碘含量着实不少，每一升海水里都含有2毫克的碘，这样的含量已经算是十分可观的了。在靠近海岸的地方，在海湾里，在近海的湖泊中，海水通

常会渐渐浓缩，而海水中的盐便在那里沉积下来，平铺在岸上，就像铺了一层白色的地毯。然而，在这些盐里却没有碘，碘不知何时就已经悄悄消失了。的确，也有一小部分碘还残存在底部，留在淤泥里，但是绝大多数的碘都已经挥发到空气中去了。但凡钾盐和溴盐聚集的地方，都是很难找到碘盐的。

但是很多时候，在盐湖或海岸边长满了各种各样的水藻，这些藻类密密丛丛地覆盖在岸边的石头上。由于一些目前还无法解释的生物化学作用，这些藻类的身体里饱含着碘，差不多一吨水藻里就含有几千克碘。尤其是在一些海绵的体内，碘的含量更多，竟能达到8%~10%。

对于太平洋沿岸，苏联的科学家们研究得十分透彻。通常在秋天的时候，海浪会把30多万吨的海带带到广大的海滩上来。这些褐色的海藻里含有的碘足有几十万千克之多。沿岸居住的人们便把这些海带捞上来，一部分留作食物，另一部分就用火小心地燃烧，从里面提取碘和钾碱。

说到这儿，我不得不说，碘在地壳中的历史并没有完。它还存在于一些含有石油的地下水里。巴库附近就有整湖的这种废水，如今，苏联就在从这些废水里提取碘。不仅如此，有时从某些火山的地下深处也会喷出碘来。

这个元素在地质史上的命运实在是太精彩离奇了，所以想要替这个在自然界中永远不知停歇的原子绘制一幅完整而连续的分布图，难度确实有点大。

但是有关碘的谜题还远没有结束，当碘被人类掌握并应用之后，新的谜题又出现了：碘可以用来止血、杀菌、防止伤口感染，但是碘本身却是有毒的，它的蒸气会刺激黏膜，过量的碘液或碘的晶体，都能把人毒死。然而还有更奇怪的地方，如果缺少了碘，人的健康也会受到损害。人，或许还有很多动物，其体内都含有适量的碘。我们了解到，在某些缺乏碘的地方，人们会得一种特殊的病——甲状腺肿。高山地区的居民就常得这种病。

近年来，美国科学家发现美国的一些地区也流行着这种病。如果把甲状腺肿的流行区域画成一张分布图，再画一张水中含碘的百分比图，那么就会发现这两张图是彼此相映衬的。人的身体对碘极为敏感，空气和水中只要一缺少了碘，就会立刻在人的健康上得到体现，而这些症状却可以通过服用碘盐来治疗。

在工业中，碘的应用也越来越广泛，越来越多样化了。一方面，人们发现了碘与有机物的化合物，这种化合物可以形成X射线无法穿透的装甲，在人体组织里注入这种化合物，就可以将组织内部十分清晰地拍摄下来。

另外一方面，近年来，人们还把碘加在了赛璐珞里，使其具有特别的价值。这里所说的碘是一种非常特别的碘盐，是一种细小的针状晶体。把这种晶体掺进赛璐珞里，就能阻止从各个方向射来的光波。这样就制成了所谓的偏振光。多少年来，苏联制造了很多十分贵重的偏振光显微镜，如今利用这种新出现的起偏振片，已经制造出了性能优良的放大镜，甚至可以取代显微镜使用。

在野外勘探时，这种放大镜尤为有用。将两三片起偏振片调配好来看东西，就可以把所观察物品的色彩看得十分清楚。要是将这种起偏振片装到汽车的车玻璃上，当你在夜间行驶时，就不会再被迎面而来的汽车车灯迷住眼睛了，呈现在你眼前的只是一辆汽车的前面有两个发光的小点罢了，因为起偏振片可以阻挡任何光辉夺目的光波。

如果把起偏振片装在飞机的玻璃窗上，那么在黑暗的城市上空，当降落伞将含镁的照明弹投下时，你就可以在照明弹的照射下，看清楚地表的一切事物了。

看！这个元素的用途是如此的广泛，而它的命运、它的旅行路线，却又充满了莫名其妙的问题与矛盾。人们还需要更深入地探究与分析，才能完全弄清楚它的所有性质，才能真正地了解这个在我们的身边无孔不入的元素的本质。

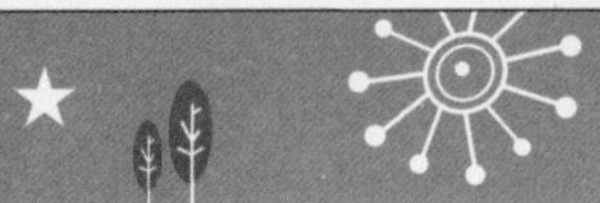

［苏联］费尔斯曼

差别最大的孪生兄弟

你们知道吗？闪烁着夺目光泽的、坚硬无比且十分贵重的金刚石，与质地柔软且十分常见的灰色晶体石墨，虽然在自然界中的形态各有不同，但它们竟然来自同一种化学元素——碳。

其实，金刚石和石墨是纯净的碳的两个变种，但它们的外形与性质却有着巨大的不同。通常，如果两种物质的性质不同，我们会解释说它们的成分不同，但是就金刚石和石墨而言，它们之所以性质不同，是因为它们晶体内的碳原子排列方式不同。

金刚石晶体内的碳原子排列得十分紧凑，所以金刚石的比重很大，其硬度也比其他一切矿物的硬度都要大，折射率也相当高。

只有在30个大气压的压力下，熔化的岩石才能结晶成为金刚石，有时，生成金刚石的压力甚至可以达到6万个大气压。通常只在地底下60~100千米的地方，才存在这么大的压力。而能从这么深的地下钻出地面的岩石实在是太少了，所以金刚石在自然界中的总量并不多。

同时，因为金刚石的硬度大，还能反光，所以它的价值极高，一直以来稳居“宝石榜”的首位。经过琢磨的金刚石又叫钻石。

含有金刚石的岩石埋藏在地底下极深的地方，人们一般是无法达到这种深度的。某些火山在爆发的时候，会在地下深处形成一些孔道，这时，含有金刚石的岩石便趁机填充到这种孔道里面了。这种由于火山爆发而形成的漏斗状火山目前已知的一共有15处，其中最大的一处直径为350米，其余的多在30~100米之间。

散在角砾云母橄榄岩里的金刚石通常颗粒很小，质量一般不足100毫克（半

克拉）。但有些时候也可以开采到一些很大的颗粒来。在很长的一段时间里，世界上最大的金刚石都是一颗被称为“超级钻石”的金刚石，它的质量是972克拉，合194克。1906年，一颗更大的金刚石被开采了出来，它叫“非洲之星”，质量是3025克拉，合605克。一般来说，超过10克拉的金刚石就很少见了，这样的金刚石价值也是十分昂贵的。

石墨也属于碳，但它跟金刚石的性质真可谓天差地别！

碳原子在石墨里是成层分布的，所以石墨很容易就可以分开。石墨有金属光泽，但不透明，它的质地十分柔软，可以剥落成片，也可以在纸上划下痕迹。它通常不与氧化合，即使是在极高的温度下也不起反应，所以它十分耐火。

在两种情况下可以形成石墨：一种是在火成岩形成之初，由岩浆中冒出来的二氧化碳分解之后生成的；另一种是由煤演变来的。西伯利亚著名的石墨矿床就属于第一种情况，那里凝固的火成岩里有极为纯净的石墨晶体。在叶尼塞河流域也储藏着十分丰富的石墨矿层，但这里的石墨是由煤演变而来，所以石墨的纯度不高。

石墨离我们的生活很近，要是你每天都在用铅笔写字，那么你每天都在与石墨打交道。铅笔芯就是石墨与纯净的黏土混合在一起制成的，掺杂黏土的多少决定了铅笔芯的软硬，黏土掺的多则铅笔芯硬，黏土掺的少则铅笔芯软。

用来制造铅笔芯的石墨，只占全球开采出来的石墨的5%。其余的大部分石墨都用来制造耐火坩埚以熔炼优质的钢，用来制造电炉中的电极，或者用来润滑重型机器（如轧钢机）中不断被摩擦的零件。

这就是那两个差别很大的“孪生兄弟”的故事，它们虽然性质不同，但都在各自的领域发挥着独特的价值。

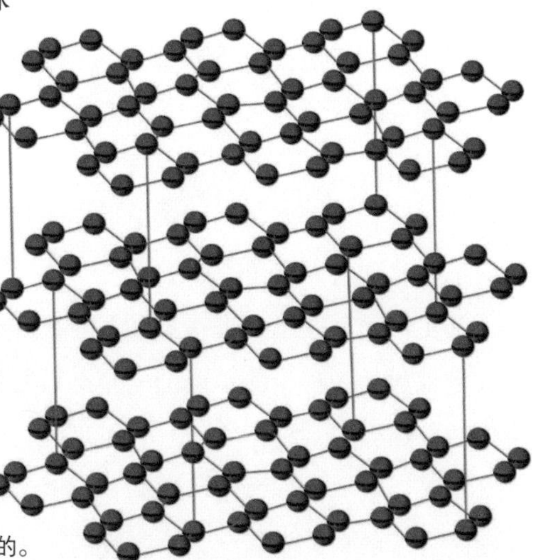

石墨中的碳原子是成层分布的。

[苏联] 费尔斯曼

坚不可摧的硅

太阳光下如泉水般清澈透明的球体，颜色纷杂而晶莹剔透的玛瑙，五彩缤纷且闪闪发光的蛋白石，海滩上纯净的沙，以熔化的石英制成的如蚕丝般的细丝或耐热的容器，经过琢磨的美丽水晶，富有神秘色彩的碧石，由木化石转变而来的燧石，古代人简单加工过的箭头，等等，有关以上这些物质的成分，无论我多少次反复地追问，人们总是告诉我：它们都是由石英或与石英成分相似的矿物组成的。这一切都属于硅元素与氧元素的化合物。

硅的化学符号为Si，整个自然界里，它是除氧之外分布最广的元素。但是自然界中的硅并不是游离状态的，它总是与氧化合在一起，形成SiO_2，也就是硅石，还叫硅酐或二氧化硅。

说起“硅”，很容易让人联想到燧石，大家可能在很小的时候就知道燧石这种矿物了。它十分坚硬，用铁敲击还能冒出火星。过去人们常常用它来点火，后来又把它放到燧发枪里引燃火药。

其实，燧石并不是真正意义上的硅，它只是硅的一种不是很重要的化合物。而硅本身却是一种不得不说的十分奇妙的化学元素。硅的原子广泛地分布在我们所处的自然界里，它在工业上的作用也十分重要。

花岗岩中的硅石含量约为80%，也就是说，其中的40%左右都是硅。大多数坚硬的岩石都是由硅的化合物组成的。“莫斯科”旅馆里那些漂亮的花岗石，莫斯科捷尔任斯基大街上那些给房子奠基用的钠钙斜长石里闪烁的暗蓝色斑点，都含有硅。换句话说，地球上一切坚硬的岩石里都包含着三分之一以上的硅。

常见的黏土主要成分也是硅。河岸上随处可见的细沙，层次丰富的砂岩和页岩，也是以硅为主要成分构成的。因此，要说地壳整个质量的30%都是硅，而地面以下16千米差不多有65%都是硅和氧的化合物，也就不足为奇了。

化学家口中的硅石的化学符号为SiO_2，也就是我们所熟悉的石英。据了解，天然生成的硅石有200余个不同的变种，如果矿物学家和地质学家想要将这种矿物的各个变种都列举出来，则需要用到100多个名字。

说起燧石、石英和水晶，我们就不得不说一说二氧化硅；而说起我们喜欢的紫水晶，颜色纷杂的蛋白石或美轮美奂的光玉髓，以及美丽的碧石、砥石或普通的沙粒，等等，我们也不得不说到二氧化硅。各式各样硅石的名字实在数不胜数，想把硅这种奇异元素的化合物了解透彻，恐怕需要单设一门科学慢慢研究。

除此之外，自然界中还有许多硅与金属氧化物结合在一起而形成的化合物，通过这种方式生成的新矿物有几千种，我们通常把它们叫作硅酸盐。

硅酸盐在建筑领域和日常生活中都很常见，作用最大的是黏土和长石。我们生活中经常会用到的瓷器、陶器，以及优质的玻璃器皿都是用它们制成的。不仅如此，它们在建筑上所发挥的作用更是巨大，以它们为主要原料的混凝土，是铺设道路，修建工厂、剧院、住房的钢筋混凝土屋顶的主要材料之一。

智能的人类从技术层面掌握了二氧化硅的用法，但是早在人类之前，大自然就把二氧化硅应用到了动植物的生命发展上。那些需要长出结实的茎、结实的穗的植物，通常都会长在硅含量比较高的土壤里。我们所熟悉的麦秆灰里就含有大量的硅，尤其是像木贼那样拥有很结实的茎的植物，它们在煤生成的那个地质时期就生长得十分茂盛，就像如今苏呼米和巴统公园里那些含硅很多的参天竹子一样，可以从低洼的沼泽一直延伸到几十米的高空。可见，大自然巧妙地把机械强度的规律和物质本身的结实性搭配在了一起。

茎长结实之后，增强了植物抵抗自然灾害的能力，不仅使禾本科植物的穗受益良多，就是对于其他植物也大有益处。在用飞机运送鲜花或其他观赏植物时，为了防止花朵萎蔫并使茎保持挺直，人们通常会在花盆里撒上一些容易溶解的硅酸盐。硅通过根被植物体吸收，植物的茎便坚硬挺直起来。

不仅仅是植物懂得利用硅，特别值得注意的是一些动物也懂得利用硅来制成自己的躯壳。在动物体发展的几个不同阶段，动物躯壳的坚硬问题也是由不同的方法来解决的。有的时候，它们用石灰质的贝壳来保护自己的躯体；有的时候，它们以磷酸钙的贝壳来保护自己。

除了贝壳，它们还会用坚硬的骨架来支撑躯体。构成骨架的物质也有很多，但都是非常结实的，比如人类骨骼中的磷酸钙，以及针状的硫酸钡和硫酸锶等。也有几种动物是用结实的硅石来建造自己的躯壳的，比如一种叫放射虫的动物，它那独特的柔软的躯壳就是用细小的针状硅石构造的；还有几种海绵，它们身上的针骨也是一种含硅的细针。

千百年来，大自然总是如此不遗余力地利用硅石制成坚固的堡垒，来保护柔弱的、容易起变化的细胞。但这同时也给科学家们提出了一个疑问：为什么动植物的躯壳、各种各样的矿物及岩石，以及工业领域所生产的精致的物品，只要含有硅便变得十分坚固？

X射线学专家独具慧眼地摸清了硅化合物的老底，从结构的角度阐明了硅的化合物之所以那么坚固的原因，并将这一谜底展示在人们眼前。

原来，硅元素所形成的带电的原子——硅离子，只有两亿五千万分之一厘米那么大。这些带电荷的硅离子小球体与氧离子小球体结合在一起，但是，氧离子大于硅离子，所以每个硅离子小球体的四周都紧紧围绕着四个氧离子小球体，这四个氧离子小球体互相作用，便形成了一种特殊的几何体，我们称为四面体。

将所有的四面体以不同的规则组合起来，就能形成一种庞杂而坚固的结构，这种结构极难被压缩或弯折；而想把其中的硅离子和它周围的氧离子分开，就更加不容易了。根据现代科学理论，这种四面体的组成方式至少有数千种。

在这种四面体中，有时候也会出现其他的带电粒子；这种四面体有时也会结合成带状或是片状，形成滑石和黏土，但无论何时何地，它们结构的基础都是结合起来的四面体。

有机化学中，碳和氢所生成的化合物有几十万种，同样地，在无机化学中，硅和氧所生成的化合物也有几千种，通过X射线可以发现，这些化合物的结构都是相当复杂的。

不但用机械的方法很难对硅石造成破坏，就连尖锐的钢刀都奈何不了它的坚硬。而且它的化学性质还十分稳定，除了氢氟酸，其他任何酸都无法侵蚀或者溶解它，只有强碱才可以略微溶解它一点，从而使它形成新的化合物。同时，硅石也很难被熔化，只有温度达到1600℃以上时才会变成液体。

由此可见，说硅石与硅石的各种化合物是构成无机世界的基础，也就没有什么好奇怪的了。

如今，已经形成了一门专门研究硅的化学的科学，而矿物学、地质学，以及技术和建筑领域的研究道路，也是与硅的发展历史紧密交错在一起的。

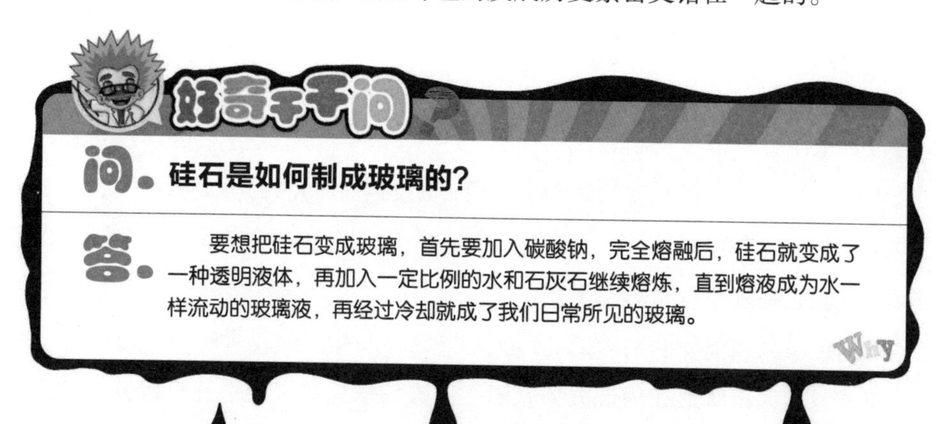

[苏联] 费尔斯曼

与生命息息相关的元素

磷是自然界中一种非常神奇的元素，要知道，如果没有磷，那么世界上就不会有生命，更不会有思想。

磷是与生命和思想息息相关的物质。人的骨头里有磷，骨髓细胞的生长和发育都是由磷决定的，可以说，因为有了磷，生命体才可以生长得更加结实。大脑里也含有大量的磷，由此可见磷对大脑运行所起的重要作用。食物中如果缺少了磷，人的整个机体就会变得衰弱，难怪身体虚弱或大病初愈的人要服用一些含磷的药物，才会恢复得更快。

不仅人体需要磷，动植物对磷的需求量也是十分巨大的。

现如今我们不但可以通过磷肥使土地变得更加肥沃，还可以通过这种方式让海洋也变得肥沃。在狭窄的海湾里撒上磷的化合物，就会让一些小水藻和微生物迅速繁殖生长，从而也就提高了鱼的繁殖率。有人曾经做过这样一个实验，在圣彼得堡附近的鱼塘里撒上磷的化合物，结果很容易就可以发现这里的鱼要比平常的大一倍。

近来，磷在食品制造方面所起的作用也日益增大，尤其是在汽水制造上，一些高级汽水便是由磷酸制成的。

磷酸盐，特别是锰和铁的磷酸盐，可以制成牢固的涂料。众所周知，在表面涂有磷酸盐的不锈钢制品才是最好的不锈钢制品。将这种涂料涂在飞机的各部分表层，也能起到防止生锈的作用。

人们在很早以前便利用磷的“冷火”开展了一项大型工业——火柴工业。很多青年读者或许不知道在现代火柴发明之前人们所用的火柴是什么样的。我记得在我的童年时期，人们用的火柴还是红头的，不管把它擦在什么东西上都能起火，尤其是在碰到皮鞋底的时候着得更快。但是因为磷的性质十分危险，人们不得不发明了另一种火柴，也就是我们现在所用的那种。

在掌握了用磷制造火柴的技术之后，人们又不禁想到，磷不但可以发出“冷火”，还可以生出“冷雾”，于是应用于军事领域的烟幕弹便应运而生了。这是因为磷燃烧后会产生五氧化二磷，五氧化二磷可以在空气中飘浮很久，从而形成不易下沉的烟雾。

燃烧弹里也含有大量的磷，在现代化的战争中，通过含有磷的炸弹来散布白色的烟雾，已经是一种非常常见的进攻和破坏方法了。

磷最早出现在深成岩的熔化物中，后来变成针状的细小磷灰石，最后再由微生物这个活的过滤器，把磷从稀薄的海水溶液中捉住。磷在大自然中所经历的化学变化十分复杂，我们在这里便不一一赘述了。

磷在地壳中的迁徙历史也十分有趣。它的命运跟生物的生死过程密不可分。在有机体死亡的地方往往有磷的凝聚，比如动物成群死亡的地方，洋流的衔接处鱼类广泛繁殖的地方——那里常常会形成海底坟墓。

在地球上，磷的凝聚通常有两种情形：一种是从灼热的岩浆中分离出来而形成的磷灰石矿床，一种是动物死后的骨骼。

磷原子在地球上的循环过程十分复杂，但是化学家和地球化学家们已经掌握了它们循环过程中的几个重要环节。

磷过去的命运已经被埋藏在深深的地下，而它未来的命运则关系着全世界工业的发展和技术的进步。

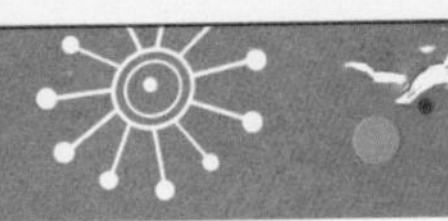

[法国] 法布尔

氧的魔力

法布尔，法国著名的昆虫学家、博物学家、文学家。他所创作的《昆虫记》享誉世界，因此法布尔又被称为“昆虫界的荷马、科学界的诗人”。法布尔十分博学，他的学术成果及著作涉及化学、物理学、植物学、昆虫学等许多领域。

保罗曾经在谈话时多次提起氧气这种气体，但是它到底是什么样的，他的两个侄子埃米尔和裕儿却始终想不明白。今天保罗把氧气从氯酸钾中制备出来，并进行了一系列的实验，两个孩子终于看见了这种闻名已久的气体。

保罗通过加热氯酸钾的实验一共收集了四瓶氧气，又用实验剩余的气体把一个有底的玻璃筒装满了。接下来，有关氧的实验就要开始了。

他先将装满了氧气的玻璃筒直立在桌子上，并用一块玻璃盖住筒口，接着他把一个蜡烛头插在弯曲的铁丝上，点燃蜡烛之后，又迅速地吹灭了蜡烛，但这时烛芯上仍然保留着尚未熄灭的火星。

保罗对孩子们说：“我现在要把这个仍有红色火星的蜡烛头放进盛满氧气的玻璃筒里，你们注意看。”

他掀开筒口的玻璃片，将蜡烛头放了进去，只听“噗”的一声，蜡烛头又重新燃了起来，发出了明亮的光。然后他又把蜡烛头取出来吹灭了，在烛芯上的火星完全熄灭之前把它再次放进玻璃筒，又是“噗”的一声，蜡烛再次燃了起来，发出的光依然十分明亮。保罗如此重复了几次，每次都是一样的结果。埃米尔看到蜡烛的复燃，开心地拍起了手。

“我们把即将熄灭的蜡烛放进氧气中，它就会复燃，这与盛氧气的容器无

头，关键在于氧气。”保罗解释道，“现在我们的这项实验已经完成，就把剩下的蜡烛头放进氧气里，让它燃烧吧。你们会发现，它很快就会燃尽的。”

果不其然，蜡烛头一放入氧气中，就迅猛地燃烧了起来，它的火焰异常明亮，并且散发出极大的热量，这与蜡烛在空气中燃烧是完全不同的。原本可以燃烧一个小时左右的蜡烛头在氧气中只燃烧了几分钟就燃尽了。保罗接着说道：

“在继续实验之前，我需要告诉你们一件事。通常我们认定某种物质属于酸，都是由于它有酸味并能让蓝花变红，但是通过味道辨别酸并不可靠，因为有些酸的味道很淡，从味觉上往往感觉不到。利用蓝花变红的特性辨别酸，虽然比味觉可靠，但如果实验的酸是弱酸，那么蓝花也不会变红。化学家于是找到了一种叫石蕊的地衣类植物，它所含的蓝色色质对酸类十分敏感，将这种色质的溶液浸透在一种疏松的纸上，便制成了一种试纸，我们称为石蕊试纸。

“这种试纸对于辨别酸类十分有效，因为它一遇到酸类溶液，就会立刻变成红色，而再遇可溶解的金属氧化物则又能恢复原有的蓝色。我手中这个盒子里的便是石蕊试纸，了解了它的特性之后，我们就可以继续实验了。接下来我们还要在装有氧气的瓶子里燃烧一些物质，观察它们燃烧时的情形，先来看看硫吧！

“首先我们需要找到一个碎瓷片，并把一根铁丝弯成圆形，将瓷片固定在里面。然后把铁丝插在一个大的软木塞里，这个软木塞不仅可以盖住瓶口，还可以保持瓷片处于适当的位置，铁丝的另一端要露在软木塞外面，以便我们上下调整瓷片的位置，使氧气的供给更为充足。”

保罗一边说着，一边做好了上述准备工作。他将小颗粒的硫黄放在瓷片上点燃，再将铁丝伸进盛有氧气的瓶子里，那瓷片便被固定在了瓶子中央。

众所周知，硫黄在空气中燃烧得很缓慢，发光也十分微弱。所以此刻的燃烧景象彻底震撼了埃米尔和裕儿这两个小“化学家”。

只见那原本燃烧迟缓的硫黄突然放射出一种璀璨的蓝光，同时一股强烈的臭味也瞬间涌了出来。

埃米尔惊喜地拍着手，大叫着：“真好看！真好看！”

硫燃烧后产生的气体从瓶子里透了出来，屋子里很快便被这种让人窒息的臭味充满了。等到火焰一熄灭，保罗便把窗户打开了。

他说：“孩子们，硫黄已经把这瓶氧气燃尽了，有关硫燃烧的景象，相信不用我说你们也知道得很清楚了，现在我们需要进一步探索，刚才燃烧的硫现在怎么样了。通过我们的嗅觉可以得知，它变成了一种臭不可闻、能使人呛咳的气体，虽然它有一部分飘散在了空气里，但大部分还留在这个瓶子里，现在我们要用石蕊试纸来测验一下，看看它到底是什么。不过在此之前，我们需要先把它溶解在水里，因为石蕊试纸是无法与干燥的物质发生反应的。我要把一些水注入瓶子，然后稍微震荡一下，瓶子里的气体便溶解在水中了，然后我们把这种水溶液滴在石蕊试纸上。你们看，试纸变成了红色，这说明什么？”

裕儿答道：“说明这种溶液是一种酸，就是说硫燃烧后变成了一种酐。”

“没错，这种水溶液的确是一种酸，它的名称是亚硫酸，而那种硫和氧化合而成的臭气，叫作亚硫酐。”

“叔叔，您曾经还说过另一种用硫制成的酸，叫作硫酸，硫是不是可以制成两种酸？”裕儿问道。

“的确，孩子，硫可以制成两种酸，一种含氧比较少，一种含氧比较多。含氧比较少的，酸性弱一些，就是这种亚硫酸；含氧比较多的，酸性强一些，叫作硫酸。如果只用燃烧的方法，不管是在空气中还是纯氧中，硫能夺取的氧有限，只能成为亚硫酐，所以溶在水中便成了亚硫酸。想要取得硫酐在化学上还另外有一种间接的方法，可以使硫和氧充分化合。有关硫，我们说得已经足够多了，现在，让我们来看一下碳在纯氧中燃烧的情况吧！”

保罗说完便把一根小拇指大小的木炭绑在铁丝的一端，又把铁丝的另一端穿过用来做瓶盖的厚纸板。然后他点燃了木炭的一角，快速地把它插入了另一个装满纯氧的瓶子。

这一次，孩子们看到的景象与刚才所看到的硫在纯氧中燃烧的景象有异曲同工之妙。那被保罗点燃的一角，原本只有一点极微弱的火星，但是一放进瓶子，就变成了一团闪亮、炽热的火焰，并迅速扩展到整个木炭，瞬间便把它变成了一个高热的熔炉，紧接着一大束火花迸射出来，好像瓶子里关着无数颗流星。

埃米尔一眨不眨地盯着即将燃尽的木炭，说道："这样的现象，我在空气里也可以做出来，只需把燃烧的木炭放到风箱口就可以了。"

保罗说道："当然，风箱中涌出来的是空气，里面混杂着多数的氮气和少数的氧气，虽然氮气削弱了氧气的作用，但是只要快速且不间断地通风，仍能使木炭炽燃，就跟在这瓶子中一样。"

不一会儿，瓶子里的氧气便用尽了，木炭的光也逐渐黯淡下去，最终变成了黑色。保罗又对两个孩子说道："燃烧之后的木炭变成了什么，这是我们必须解决的问题。现在瓶子里剩下了一种无色且几乎没有气味的气体，如果我们仅仅凭借视觉和嗅觉，一定会认为瓶子中的气体并没有发生变化，但是如果拿瓶子中的气体进行实验，就会发现它跟氧气是完全不同的。你们看，这根燃烧的蜡烛刚插下去就马上熄灭了。由此可见，现在的瓶子里已经没有氧气了。

"如果我再将一些水注入瓶中，震荡一下，让瓶中的气体溶解在水里，并拿一张石蕊试纸进行测试，就会发现试纸变成浅红色了。可见这种水溶液也是一种酸，而瓶中那无色无臭的气体则是一种酐，它的性质是区别于氧气的。这种区别是因为碳和氧的结合，因此我们可以得出一种让人不可思议的结论：在这种气体里含有少量沉重而坚硬的碳。"

裕儿赞同地说："是的，很难想象一种看不见摸不着的气体里竟然有碳，如果保罗叔叔没有这样一步步地引导我们实验，而是一开始就告诉我们这个结论，我们是绝对不会相信的。现在木炭经过燃烧已经变成了气体，这种气体的水溶液可以使石蕊试纸变红，那么这种气体就是一种酐，而它的水溶液是一种酸。"

"没错，那你能叫出它们的名字吗？"保罗问道。

“木炭就是碳，碳的后面加一个酐字就是碳酐——这是燃烧后生成的气体的名字。碳的后面加一个酸字就是碳酸——这是气体的水溶液的名字。”

“那么碳酸也有酸味吗？”埃米尔问道。

“当然，只是它的酸味比较淡，而且这只瓶子里的水分过多，所以它的酸味已经几乎感觉不到了。刚刚我们用石蕊试纸进行测试时，石蕊试纸仅仅变成了浅红色，也是出于这个原因。现在让我们继续用第三瓶氧气来做实验吧。在这个瓶子里，我们要燃烧的是铁。这里有一根旧发条，它的形状能让它跟氧气有更充分的接触面积，对我们这个实验来说是再合适不过的。首先我们要把发条上的锈迹擦去，再把它放在火上烤一烤，使它变柔软一些，然后我们把发条缠在一支铅笔上，使它成为螺旋形，再将其中一段插在一块预备做瓶盖的厚纸板上，另一端卷上一两根火柴，并将螺旋拉长，使有火柴那一端可以深入瓶子中央。”

保罗快速而流畅地做完了上述工作，但是埃米尔却发现，那个直立在桌子上的氧气瓶中，竟然还有两三寸的水留在瓶底。

“瓶子里怎么还有水呢？”埃米尔不解地问。

“在这个实验里，水可是有大作用的，一会儿你们就知道了。现在快去拉好百叶窗，我们的实验就要开始了。”保罗解释道。

等到房间一暗下来，保罗便点燃了火柴，将发条伸进了瓶子。没有任何意外地，火柴突然放射出强光，很快，发条也着了起来，迸射出明亮的火花，就像烟花一样。火焰沿着发条一直向上，凡是烧过的地方，都熔融出炫目的小球，凝聚在一处且越积越大，最后便滴到瓶底的水里，发出尖锐的“嗤嗤”声。紧接着，熔融物不断地滴下来，它们落入水中并没有立刻熄灭，有几个比较大的，甚至把瓶底熔软，镶嵌在里面。如果不是事先在瓶底预留冷水，瓶底一定早就被这高热的熔融物击穿了。

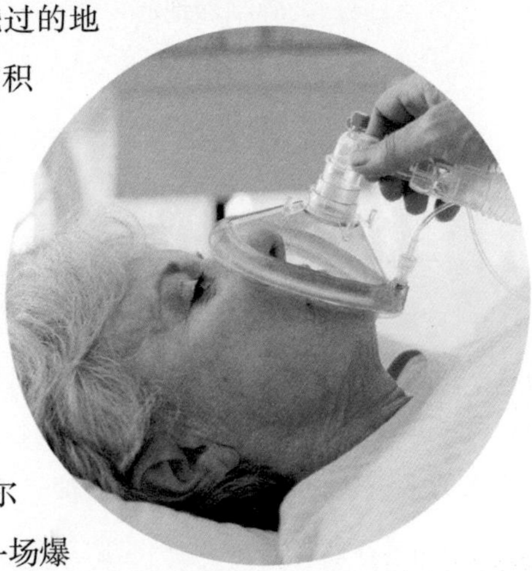

孩子们惊奇地注视着眼前的一切，埃米尔甚至用双手捂住了面孔，显然，他一定以为一场爆

炸就要发生了。但结果除了瓶子上多了几条裂痕，什么也不曾发生。保罗率先打破了沉默，他对孩子们说："对于这个实验，你们有什么看法吗？"

埃米尔答道："我终于相信了，铁也是可以燃烧的，而且烧得这么猛烈。"

"我也相信了，从前我总觉得铁可以抵御火，现在却看到它像烟花一样燃烧，简直太惊奇了，尤其是那些滴下来的熔融物，它们落到水里仍不熄灭，还能发出红光，真的太不可思议了。"裕儿说道。

"其实，那些滴下来的熔融物并不是铁，而是铁的一种氧化物。让我从瓶子里拿几颗给你们看一下，看，这种黑色的物质用手指就可以碾碎，这便是被氧化了的铁。你们还需要注意，现在在瓶子的内壁上，有一层淡红色的粉末，这在实验之前是没有的，你们知道这是什么吗？或者说它看起来像什么？"

"像铁锈，至少颜色像铁锈。"裕儿答道。

"没错，这确实是铁锈，你们要知道，它是铁和氧的化合物。"

"那么是有两种铁的氧化物在瓶子里吗？"

"是有两种，但是它们所含的氧的多少却是不同的，这个问题我们以后会说到，现在就让我们继续用第四瓶氧气进行实验吧。"

保罗拿出事先让孩子们准备好的麻雀，把它放进了最后一个盛氧气的瓶子。起初，瓶子里并无异样，但是没过多久，麻雀的行为就变得活泼起来，它扑棱着翅膀，跳跃着，用嘴不停地啄着瓶壁，就像一个发狂的病人。后来它的呼吸变得急促起来，胸脯剧烈地起伏着，显然已经精疲力竭了，但是它发狂的举动却有增无减，为了防止它出现生命危险，保罗把它从瓶子里取了出来。几分钟之后，它发狂的症状就消失了。

于是，保罗总结道："我的实验已经结束了，由此可知氧气是一种可以呼吸的气体，但是当动物处于纯氧中时，其活动会异常剧烈，甚至会超出控制。你们还记得蜡烛在纯氧中燃烧的情景吧！它燃烧得十分猛烈，火焰也十分明亮，但是它燃烧的时间却非常短暂。生命在纯氧中的情况也是一样，即使活力十足，但由于过度地消耗，就无法持久了。关于氧气的实验我们就做到这里，你们对它不会再陌生了吧！"

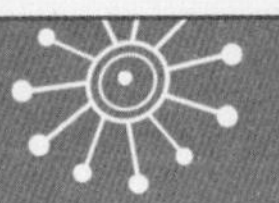

［法国］法布尔

奇妙的氢

以炽热的铁在水中制取氢气，既迟缓又烦琐，而且反复操作多次，也只能获取少量的氢气。如果以燃烧的炭来代替铁，虽然速度上要快一些，但制取的氢气却并不纯粹。想要通过实验的方式探知氢气的性质，就必须提取到纯净的氢气，于是保罗便打算将一种既简便又能制取到大量的氢气的办法教给孩子们。

“孩子们，你们已经知道，非金属氧化物遇到水就变成了酸，而水中含有氢，由此可知，所有的酸中都含有氢。我告诉你们，铁不但能使水分解，也能使被水稀释过的硫酸分解，而且不需要加热。铁和硫酸发生反应，硫酸中的氢就会被释放出来。不仅是铁，金属锌对硫酸的分解更为容易，但同样需要借助水。所以要制取氢气，铁和锌都可以，当然如果手头有锌的话就更好了。

“我在这个杯子里放了一些水和几片锌，此时的杯子里并没有发生化学反应，但是在我把一些硫酸注入水中，并搅拌均匀之后，杯里的水就沸腾起来了，无数个气泡升腾而起，冲上水面并一一破碎。这些气泡就是从硫酸中分解出来的氢。注意，现在我要用一张燃烧的纸靠近水面，那些破碎的气泡就会着火并发出爆裂声，它的火焰并不明亮，只有在黑暗中才可以看见。”

水面上不断跳跃的火焰和机关枪似的声响让孩子们兴奋极了。保罗继续说道：“我们已经知道，锌和硫酸反应可以产生氢气，但是如何收集这种气体，仍是一个问题。制取氢气所需要的物质共有三种：硫酸用来提供氢气，水用来稀释硫酸，锌用来分解硫酸并释放氢。实验时，锌和水可以一起放在杯子里，但是硫酸则需要根据用量来逐渐加入。如果一次性加得过多则会使反应剧烈，致使杯中的硫酸飞溅出来，腐蚀衣服或皮肤。另外在注入硫酸的时候还要注意，不可

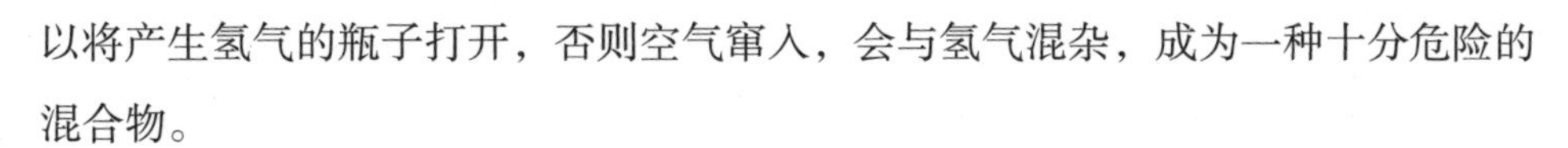

以将产生氢气的瓶子打开，否则空气窜入，会与氢气混杂，成为一种十分危险的混合物。

“在这个实验中通常要用到的器皿就是玻璃瓶，将一小片锌放入其中，要是有锌箔更好，可以卷成圆柱体从瓶口放入，再在瓶子里倒入足可以完全淹没锌的水。然后把插有长柄漏斗和曲玻璃管的软木塞塞入瓶口，这样，制取氢气的装置就完成了，只要把硫酸从漏斗缓缓注入，就能有氢气产生了。需要注意的是长柄漏斗的末端一定要没入水中，以防瓶外的空气由此进入与氢气混合。”

保罗一边说着一边做完了上述的准备工作，并将曲玻璃管的另一端通入事先准备好的水盆中。当保罗把硫酸缓缓注入玻璃瓶时，瓶子里的水瞬间活跃起来，氢气也从曲玻璃管的另一端流出，在水中形成了气泡。孩子们赶紧拿着点燃的纸片靠近有气泡涌出的水面，气泡一遇到火，就发出了“噗”的爆裂声。

“这种水泡爆裂的声音，我们已经听了好几回了，只要我们将燃烧的纸片靠近水泡，水泡里的气体就会立刻燃烧起来，可见氢气是一种极易燃的气体。现在我却要另外做一个实验，证明氢气本身虽然是一种可燃气体，但可以用来灭火。氢气的易燃是其他物质所无法比拟的，但是如果我把一根燃烧的蜡烛放入盛氢气的瓶子，却会立刻熄灭。现在就让我们来证明一下吧。”

保罗说着将一个广口瓶倒扣在水盆里，又把曲玻璃管伸入瓶口，气体充满广口瓶之后，他又继续说道：“现在瓶子里的氢气已经满了，我要把它从水里取出来。”

保罗将瓶子保持着倒立的状态从水盆中慢慢地提了起来。埃米尔忍不住问了出来：“叔叔，你这样不怕气体从瓶子里掉下来吗？瓶口朝下，连塞子也没有。”

制取氢气的实验

“不会的，孩子，氢气是不会掉下来的，它比空气要轻得多，只能上升，绝不会下落的。我倒着拿瓶子，正是为了拦住它上升的路。现在我要把一根燃烧的蜡烛放入瓶内，你们看，瓶口的气体立刻燃烧起来了，还发出了轻微的爆燃声，火焰也逐渐向瓶内上升，但是蜡烛却一到瓶中就立刻熄灭了。”孩子们实在无

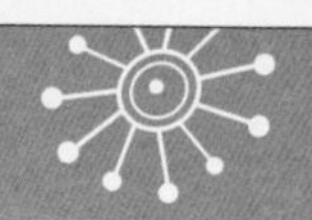

法理解，为什么一种可燃的气体却会使蜡烛熄灭呢？

保罗解释道："让我先说一下燃烧的原理吧。我们通常说的燃烧，是物质与空气中的氧所发生的化学反应。在没有空气的地方，物质是无法燃烧的。伸入广口瓶中的蜡烛之所以会熄灭，就是因为没有助燃的气体。虽然氢气自己可以燃烧，却无法助燃，所以它并不能帮助蜡烛燃烧。而氢气自身的燃烧，也是要借助空气的，所以最初着火的只是瓶口附近的气体，而随着瓶口处氢气的耗尽，外面的空气涌了进来，火焰也就逐渐向瓶内上升了。

"氢气的质量比空气轻得多，它是自然界中最轻的一种物质，你们刚才看到我倒着拿广口瓶，正是为了防止氢气逸出。现在我还要再做一个反面的实验，即把瓶口朝上，那么瓶中的氢气就会全部逸出。"

保罗将另一个充满氢气的瓶子直立在桌子上，孩子们认真地观察着，但是谁也没有看见有东西在瓶子里进出。过了一会儿，保罗说道："现在瓶中的氢气已经全部逸出了，瓶子也已经被空气占满了。"

埃米尔好奇地问道："我什么都没有看到啊，你又是怎么知道的呢？"

"用眼睛自然是看不出来的，但是一个燃烧的蜡烛却能告诉我们这个事实。如果蜡烛仍能在广口瓶里燃烧，则说明瓶中的气体已经变成了空气；反之，如果蜡烛熄灭，而瓶口的气体却着了火，就说明瓶子里还存在着氢气。"说完，保罗

将一根燃烧的蜡烛伸入瓶中，孩子们看到蜡烛并没有熄灭，就跟在空气中时一样，这就说明瓶中的氢气已经全部逸出了。

保罗又说道："想象一下，如果我们把一碗油倒进一桶水里，会出现怎样的情况？油比水要轻，所以油一定会浮在水面上。刚刚广口瓶直立时的情况就与油和水的互动十分相似。下面我还有一个更好的实验，只需要借助几根麦秆和一杯肥皂水，就可以证明氢气比空气轻。埃米尔，你不是经常用麦秆和肥皂水吹泡泡吗？"

"是呀，叔叔，那个游戏真有趣！吹的泡泡五颜六色的，比花园里的花朵还要美丽，就是它们破碎得太快了，不能一直升到天空中去，真可惜。"埃米尔答道。

"那么，这一回我就要给你们制造一种完美的泡泡，让它升到很高的地方去。现在你先照着平时的方法给我们吹几个泡泡吧！"

埃米尔拿起麦秆，蘸上事先准备好的肥皂水，轻松地吹出了几个气泡。这些气泡一脱离麦秆，就会慢慢地飘落到地面上，没有一个能飘起来的。

保罗说道："这些气泡里的气体仍是空气，而包裹它们的薄膜却比空气重，所以它们不仅不会上升，反而会下降。如果想让气泡上升，就必须在气泡里注入比空气轻的气体，同时它的轻还要抵消肥皂薄膜的重量，这种气体便是氢气。"

"可是我们要怎么把氢气吹进气泡里呢？"埃米尔问道。

"我们可以用制取氢气的瓶子来吹啊，先把瓶子上的曲玻璃管换成直玻璃管，再用湿纸条把麦秆固定在直玻璃管里，然后我们只要不时地把肥皂水抹在麦秆的顶端，就能得到许多充满氢气的气泡了。"果然，在保罗做完了上述准备之后，一个个气泡从麦秆的顶端涌了出来，虽然气泡有大有小，但都呈上升的趋势。它们有的中途就碎裂了，有的则一直飞到天花板上才被撞破。孩子们出神地望着上升的气泡，埃米尔高兴地唱起了歌，裕儿则陷入了深思。

"如果没有天花板挡着，我们的气泡会飞到更高的地方去吗？"裕儿终于问出了自己的疑惑。

为了解开孩子们的疑问，保罗把制氢气的装置带到了室外，很快气泡就同在室内时一样涌了出来，它们中的大部分升到差不多屋顶的位置就破碎了，但也有一部分竟然升到了视力无法触及的高空。孩子们兴奋地拍起了手，他们的心里一定想着，虽然自己无法亲自去侦察太空，但至少可以派一个氢气泡替他们前往。

［俄国］尼查耶夫

元素中的隐士

1894年8月13日，英国自然科学团体在牛津召开会议。会上，化学家瑞利和拉姆齐所作的一个临时报告却引发了整个化学界的震荡。

他们说："我们发现了一种新元素，它无处不在，无时无刻不环绕在我们身边。它与氧和氮一样，是大气的一部分，我们每天呼吸的空气里就有它。"

听完这段报告，聚集在牛津的科学家们都感到一阵恐慌。相信就算有一颗炸弹在他们的头顶炸响，他们都不会有此时这般惊慌失措。

空气里竟然还有未知的元素！它就充斥在每一间实验室、每一个大学教室，甚至是世界的所有角落，但是，人们却连想都不曾想到过。

在过去的整整一百年里，科学家们走遍大江南北，竭尽所能地搜集稀有矿物，只为从里面提取出最后几种还没有被发现的稀有元素。可是谁又能想到，有一种未知物质就躲在我们的身边，却始终没被发现。

这样的怪事，为什么会发生呢？要知道，这种空气里的新元素，其实并不稀少，每100升空气里就有1升！

在这一百年里，人们至少做过几千次空气分析，不管是大学生、实验员，还是化工厂里一些技术熟练的工人，都一定做过这种分析。而化学家呢，他们在计算空气中氧和氮的含量时，甚至算到了四位小数。他们可以精确地测出空气里二氧化碳的占比是0.03%，甚至对于空气中不足$\frac{1}{1000000}$的氢，他们也能想办法找出来。含量不足$\frac{1}{1000000}$的气体尚且可以找出来，而这种占空气$\frac{1}{100}$的未知气体，却被长时间地搁置在一边。

这究竟是为什么呢？

因为，这种气体无色、无味、无臭，而且完全没有表现自己的欲望。它就是这样一个默默无闻的家伙，总是悄悄地躲在氮气身后韬光养晦。同时，它还有着异常敏捷的行动力，让人无法察觉到它的存在。

这种新元素从不和别的元素相结合，它就像一个隐士，对于任何化学作用，都置之不理。也是因为这种不爱活动的特性，它得了一个氩的名字（氩在希腊文里有不活泼的意思）。

拉姆齐曾经让最活泼、最具作用力的物质与氩混在一起。

比如那种呛人的氯气，它可以让金属生锈、让染料褪色、把布料和纸腐蚀成一堆破烂，但是在拉姆齐设法将它与氩气混在一起时，它却无论如何也奈何不了氩气。

又比如那种有毒的物质白磷，它可以灼伤人的手，可以与空气里的氧气自动化合并燃烧起来。但是在拉姆齐把它放进氩气里烧时，它也不能让氩气与自己发生反应。

无论是火，还是冰；无论是电流，还是强酸、强碱，全都不能让氩气发生化学反应。不管是什么物质碰到它，都会被原样退回，不会留任何痕迹，也不能改变它分毫。

面对这样一种孤僻的元素，拉姆齐和其他几个化学家心里不服气极了！它总该有几种化合物吧！以金和白金为代表的贵金属，不管是在水里还是空气里都不会生锈，就算是酸也不能将它们溶解。但即便是它们，不也可以与几种物质化合吗？氩这个家伙，竟然比世界上的任何物质都要高傲吗？

拉姆齐和他的助手们不断地把各种化学试剂注入存放氩气的容器中，他们试了所有的简单物质和很多种复合物质，试了几天、几个星期，甚至几个月，可是一切都是徒劳，氩气从始至终都没有屈服。

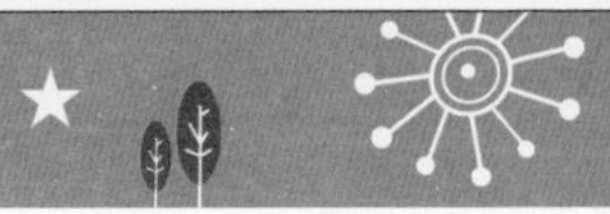

[俄国] 尼查耶夫

盐与惰性气体

大海是人类的故乡，人们生活中不可或缺的盐便来源于那里。

卤与大海的关系十分密切。在希腊语中，卤（halogen）一词有“制造盐”的意思。它在元素周期表中表示第7直列里的五种元素，分别是F（氟）、Cl（氯）、Br（溴）、I（碘）和At（砹）。其中不仅是氯，碘也可以从海藻中提取出来。

每种元素的名称都有着特殊的由来。比如溴，恰如其名，它的气味非常臭，且具有极强的毒性。但在许多方面，溴也具有很大的作用。比如，溴和银的化合物溴化银，如果把它呈微粒子状平铺，就可以用来做照相的底片。按动快门曝光时，溴化银就会自动分解，并与其他药剂发生反应，产生照片。通常状况下，卤化银具有感光性，在工业上的用途十分广泛。

碘的毒性也极强。在进行核子实验时，碘就会扩散开来，一旦人体摄入了过量的碘，甲状腺的机能就会遭到破坏。所谓的核子掩盖物就是用来防止人们吸入过量的碘的。

氯和氟也具有非常强的毒性。所以对于卤族元素，人们还是少接触为好。

惰性气体位于元素周期表的最右端。顾名思义，惰性气体就是“不容易起化学反应”的气体。它通常包括He（氦）、Ne（氖）、Ar（氩）、Kr（氪）、Xe（氙）、Rn（氡）这几种元素，但有时候，人们也将氮归入惰性气体。

这些气体通常没有化学活性，这也是它们的本质。一般情况下，它们不会与其他元素发生反应。（1962年合成了氙和氟的化合物，后来也证实氪和氡也能发生一点化学反应。）

惰性气体这种不具任何化学活性的特点是由其原子的电子构造决定的。以氖为例，氖原子的第一层轨道上有2个电子，第二层轨道上有8个电子，两层轨道上都没有单独的电子，也不存在任何空位。因此它没有余地让其他电子进来，也没有多余的电子能进入其他原子的电子轨道，所以，它没有化学活性。

惰性气体中，氦和氖大量存在于宇宙中。但由于它们的分子很轻，所以在大气中的比重并不高。在真空环境下，氖经过放电会产生红色的光谱并放出光亮。因此，它与氩及其他一些惰性气体都是制造霓虹灯的基本材料。制造霓虹灯时，先在玻璃管里涂上可以散发所需颜色的荧光材料，然后注入适量的惰性气体混合物，再通上电源使其发光，就是我们所熟悉的霓虹灯了。

氩是空气中含量较为丰富的一种惰性气体，它的体积占大气的0.93%。过去，氩主要用于制造灯泡，现在则多用于制造盖氏计数管及节能灯。氩还可以用于金属熔接，因为它具有不与其他元素化合的性质，所以在熔接的过程中可以防止金属氧化——燃烧或生锈。

氪有“隐藏者”的意思，是一种十分强大的元素。它具有很强的能力，可以掠夺其他原子的电子。

氙是宇宙空间中一种含量极低的物质。它在地球上的含量很低，在陨石中的含量也不高。

氡是惰性气体里最重的一个，它由镭衰变而来，具有放射性。地震之前，如

果地下岩层遭到破坏，地下水中的氡含量就会增加，因此，氡可以用来预报地震。

人们对惰性气体的应用大多是因为其不与其他元素发生化学反应的特性。氦最初应用于军事领域时，就让英国人大吃了一惊。

当时，德国的“齐柏林号”飞船正在空袭英国，结果飞船中了英国的发火弹却安然无恙，并没有发生爆炸。这正是由于飞船所采用的气体不是容易燃烧的氢，而是不会燃烧的氦。

氦是仅重于氢的第二轻的元素。但是它的性质却与氢大不相同。过去，人们采用氧和氮的混合气体在水中供潜水人员呼吸，但是由于氮溶于血液，当潜水人员急速从水深处浮上水面时，因为压力的骤减，溶在血液中的氮就会变成气泡而蒸发掉，从而致使微血管堵塞，引起所谓的潜水病。现在人们用不太溶于血液的氦替换了氮，就不会引起潜水病了。

实验证明，一种元素是可以转化为另一种元素的。拉姆齐就曾用实验证明过这一点。1903年，拉姆齐发现镭在衰变的过程中会放射出氦，这是证明元素间可以相互转化的早期实验之一。如今，氦的原子核被用作原子核破坏装置，即冲击原子核的子弹。氦的原子核，也就是不包含电子的氦原子，由两个质子和两个中子组成，我们又把它称为“阿尔法粒子”，它是一种很普遍的放射能产物。

惰性气体，又被叫作稀有气体。它们之所以被称为“稀有气体”，就是因为在地球上十分罕见，这也导致了它们直到最近才被发现。

在元素周期表上，这些稀有气体恰好排在了一个直列，这一点，是连门捷列夫都没有预言到的。

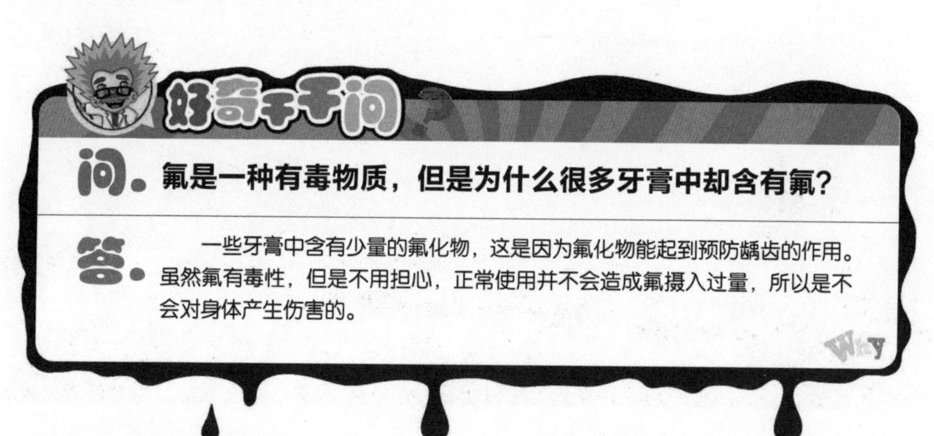

［俄国］尼查耶夫

藏在射线里的钋和镭

波兰少女玛丽·斯可罗多夫斯卡一心想成为科学家，并为这一梦想远赴巴黎求学。大学毕业后，玛丽嫁给了法国科学家皮埃尔·居里。没多久，她便同丈夫商量决定研究铀射线。

铀射线与X射线有很多相似之处：它们都属于不可见光，都能让空气带电，都能对底片起作用。不同的是，X射线可以穿透任何障碍物，铀射线只能穿过包着底片的黑纸。铀可以在没有光照的情况下，昼夜不停地发射铀射线。毫无疑问，X射线是有趣的，但只有物理学家才知道铀射线更加神奇。

对玛丽·居里这样一个刚开始做研究的人来说，铀射线的课题实在是有些困难。不过，她还是勇敢地跨进了这一领域。

首先她想设法快速探测到铀射线的存在，并精确地测量出它的强度，可是利用底片来观察铀射线的强弱实在太麻烦了，而且通过比较射线留在底片上的印记的浓淡来判断射线的强弱，也不够精确。玛丽想，如果有一种仪器可以像用安培表测量电流、用温度计测量温度那样测量出射线的强度，就太好了。

听完玛丽的想法后，皮埃尔表示十分支持，并立即给她做了一套这样的装置：用被空气隔开的两片金属做成一个平面电容器，将下面的金属接通电池，上面的金属与地相连。

正常情况下，这种电路装置是不可能连通的，因为空气不能导电。不过，如果在下面的金属片上撒铀盐，电流就能穿透空气，使电路正常运作。因为在铀射线的作用下，空气能变成导电体。

射线越强，中间空气的导电性就越好，电流就会越强。在射线最强的情况

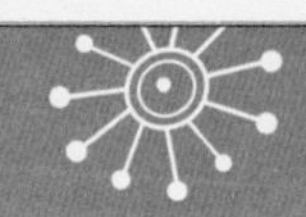

下，电流有一安培的几十亿分之一。虽然数值很小，但玛丽的这个仪器完全可以把它测量出来。

玛丽四处搜集化合物，她从一个实验室弄来纯净的盐、氧化物，从另一个实验室弄来几种比黄金还要昂贵的稀有盐，还从矿物博物馆弄来矿物标本。她将这些物质放到金属片上，观察电流的读数。已经换过上百种物质了，可电流计的指针仍然一动不动。

虽然总是不走运，但是玛丽并没有放弃，她的实验也一直在继续着。终于，指针动了！这时，金属片上是金属钍的化合物。

原来，除了铀以外，钍和钍的化合物也可以发射不可见光。那么铁、碳、铅、磷的化合物呢？世界上的物质不计其数，它们是不是也有这种特性？玛丽的电流计给出的答案是否定的。

于是，玛丽将研究目标重新转移到了铀的化合物上。

她检测了铀、铀盐、铀的氧化物、铀酸以及各种含铀的物质，结果显示，它们或强或弱都能使空气导电。当然了，含铀多的会使空气的导电性强，含铀少的会使空气的导电性稍弱。含铀量为50%的物质，使空气导电的能力是含铀量为100%的物质（纯铀）的一半；含铀量为25%的物质，致导能力是纯铀的四分之一，以此类推。

一切含铀的化合物，都严格遵守着这个规律。纯净金属铀的射线强度要高于所有含铀化合物。

那有没有一种含铀物质，它的射线强度能够超过金属铀呢？不可能，因为没有一种物质的含铀量会超过纯铀。

可是，当玛丽将沥青铀矿和铜铀云母这两种物质放到金属片上时，引起的电流要强于纯铀！这又是怎么一回事？

是不是它们当中含有另一种不可知的放射性元素？如果是的话，它是什么？在当时，除了铀和钍，再也没有任何物质可以发出不可见光，而钍所发出的射线强度与铀又相差无几。

为了得到答案，玛丽决定自己制造铜铀云母。从成分上来看，她的铜铀云母与天然铜铀云母完全相同，而且两者的含铀量也一样。然而，人造矿物发出的射

线强度，只有天然矿物的18%。

换句话说，天然的沥青铀矿和铜铀云母中确实存在着一种物质，它能发出射线，并且力量比铀还要强。实验进行到这一步，皮埃尔决定放弃自己的研究，与玛丽一起攻克难关。

居里夫妇想从沥青铀矿和铜铀云母中找出那种未知的物质，就如同猎人在无边无际的森林里追寻奇禽异兽一样。他们凭着科学家特有的敏感和仪器上的读数，慢慢地摸索前进着。

终于，居里夫妇决定向全世界报告他们研究成果的这一天到了。他们宣告：确实有这种神秘的"东西"存在，而且他们已经大致掌握了它。尽管当时他们掌握的只是这种"东西"的影子，但居里夫妇仍在努力地将它从沥青铀矿中分离出来。

他们是如何进行分离工作的呢？举个简单的例子来说明一下。

如果你把装满盐的口袋掉在了全是细沙的路上，盐和沙便混合在了一起。要怎样把它们分开呢？我们可以将混合物倒进水里，然后加热。等盐溶解掉后，就只剩下沙子了。这时再把盐溶液用细纱过滤，并蒸发掉水分，脱离沙子的盐便能恢复为原来纯盐的样子。

化学家将一种物质从一种化合物或者几种化合物的混合物中提炼出来的办法跟上述类似。不同的是，他们的方法更加复杂，实验过程也更加曲折。他们会把这种化合物或混合物溶解在酸里，碱里，或水里，还要把析出来的沉淀在过滤之后，再次溶解到酸里，并把溶液中的水蒸发掉。化学家就是这样逐步地把其中的成分一样样地去除，使那种想要析出的物质纯度越来越高，直到最后得到一种百分之百的纯净物质。

显然，居里夫妇的提炼工作就是这样

进行的。

居里夫妇纪念邮票

没有人知道沥青铀矿中那种未知物质的性质。居里夫妇只知道：未知物质能够发射强烈的射线。凭着这唯一的线索，他们开始了不断探索。

他们将沥青铀矿放进酸里溶解，然后往溶液中加入硫化氢，这时溶液便分成上下两部分，下面的深色沉淀物是矿物中全部的铅、砷等物质，而上面透明的溶液里则是铀、钡、钍等成分。那么，沥青铀矿的未知物质去了哪里？它是在沉淀物中，还是在上面的透明溶液里？

居里夫妇将透明溶液和沉淀物分别放到金属片上进行测试，结果显示沉淀物使电流变得更强，可见，要想找到那种未知物质，必须从沉淀物着手。

居里夫妇将沉淀物中的杂质一一去除，最后剩余的物质发出的射线非常强，竟然是铀的400倍！剩下的物质中含有大量的铋（当时化学家非常熟悉的一种金属），还有很少量的他们想要的那种未知物质。虽然当时居里夫妇无法将这种物质完全与铋分离开来，但他们相信总有一天可以做到。

1898年7月，法国科学院宣读了居里夫妇的一份报告。报告中说，他们已经找到了这种新的元素，它与铋接近，能自己发出强大的不可见光。居里夫妇还在报告中说，如果这种新元素得到证实，请以“钋”来命名，以纪念玛丽·居里的祖国波兰（在法语中，“钋”的意思是波兰）。

五个月后，居里夫妇又向法国科学院提交了一份新的报告。

他们在沥青铀矿中又找到一种新元素，这种新元素发出的射线比铀、钋都强，大概是纯铀的900倍。从化学特性上看，新元素类似于金属钡。

居里夫妇还说，希望将新元素命名为“镭”。在拉丁语中，“镭”的意思是射线。

就这样，玛丽·居里与丈夫皮埃尔·居里共同发现了两种新元素——钋和镭。这一成就不仅是他们事业上的良好开端，更是人类化学史上浓墨重彩的一笔！

第三章

生活中的化学

从我们每时每刻都在呼吸的空气，到吃的面包、喝的水，从照X光会用到的射线，到建筑工人所用的各种材料……化学的影子几乎无处不在，只是有时它喜欢用一张我们常见的面孔来迷惑我们，让我们无法精确地捕捉隐含的信息，那么就让我们在这一章里揭开它们的真实面目吧！

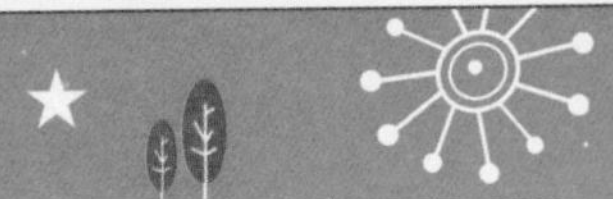

[法国] 法布尔

硫、铁变身记

保罗把从锁匠家和药铺里得来的两种东西放到孩子们面前，指着其中一样问道："这是什么？"

埃米尔观察了片刻，说道："这是一种黄色粉末，把它捻在手指间的时候会发出很轻微的响声，我觉得它一定是硫黄。"

"是的，它就是硫黄，我们可以用实验证明。"裕儿一边肯定地说着，一边跑进厨房拿来了一块烧红的炭。他把黄色粉末撒到炭上，立刻就见粉末燃起了蓝色的火焰，并散发出一种硫黄火柴般的臭味。"你看，燃烧时火焰呈蓝色，并且会放出呛人的臭气的，只有硫黄。"

"没错，这种粉末就是硫黄。你们再看看这是什么？"保罗又指着另一种散发金属光泽的粉末说道。

"这东西像是铁屑。"埃米尔抢着回答。

"何止是像，它本来就是铁屑。保罗叔叔，这是你从铁匠那里拿来的吧！"

"裕儿，你猜得很对，但是我希望你能把你作出这种判断的理由说出来。因为除了铁屑，还有铅屑、锡屑、银屑等都是这样呈银灰色，并能闪现金属光泽。刚才你用燃烧的方法证明了黄色粉末是硫黄，现在你要用什么方法证明这是铁屑呢？"

两个孩子面面相觑，谁也想不出一个好办法来。最后保罗提醒他们道："我记得你们总喜欢玩一块马蹄形的磁铁，还经常用它吸铁钉和缝衣针，现在你们来想一想，它能吸铅吗？"

裕儿答道："吸不了，它能把一把很重的刀子吸起来，但是哪怕一点点的铅，也吸不住。"

“那么，锡、铜或者银呢？”

“都吸不住。哦，我知道了，我知道怎么证明了！”裕儿急急忙忙跑到楼上，找出了那块磁铁。他把磁铁靠近金属粉末，很快，磁铁的两端都挂上了一串亮晶晶的胡须状的粉末。“快来看，磁铁吸住了这些东西，它真的是铁屑。”

保罗说道：“我们现在已经确定这两种东西就是硫黄和铁屑了，让我们进行下一步的研究吧。”说完，他把两包东西倒在一张纸上，并搅和到了一起。

“现在，你们再告诉我，这纸上的东西是什么？”

裕儿答道：“这很简单啊，不就是硫黄和铁屑混合起来的东西吗？”

“的确，这就是一种混合起来的东西，也叫混合物。那么你们可以从这堆混合物里把硫黄和铁屑区分出来吗？”

埃米尔仔细看了看，说道：“当然可以，这黄色的就是硫黄，闪光的就是铁屑，很简单啊！”

“那你可以把它们从这堆灰黄色的粉末里一一挑拣出来吗？”

“可以用一根针把它们一点点地挑拣出来，但那样太费事了。我想我们还可以借助磁铁，让它在混合物上来回移动。”说完，裕儿便用磁铁做起了实验，果然，磁铁将金属颗粒吸到了自己的两端，而硫黄则被留在了纸上。

“很好，这种办法很有效，既简单又方便。其实还有一种方法可以分开它们，把它们放到水里，沉入水底的就是铁屑，而悬浮在水中的则是硫黄。下面让我把刚才学的内容总结一下：混合物是由两种或两种以上的不同物质组成的，这种结合是可以用多种简单的方法来分开的。就像放在我们眼前的硫黄和铁的混合物，便可以用磁铁、水，甚至用手分开。现在让我们来进行下一步实验吧！”

保罗将硫黄和铁屑的混合物放进了一个盆子，加入一些水，并把它们搅成糊状。然后他又取出一个广口瓶，把糊状物放了进去，再把瓶子拿到了阳光下照射。此时正值酷暑，所以保罗认定实验的结果一定会很快揭晓的。

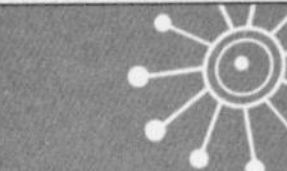

“你们仔细看着吧，很快就会有让你们惊奇的事情发生的。”他对孩子们说。

孩子们目不转睛地盯着瓶子，果然，不一会儿，瓶子里灰黄色的物质逐渐变黑，并最终变成了煤烟的颜色，同时瓶子里响起了一阵“嗤嗤”的声音，随后一缕缕水蒸气便喷出了瓶口，还带出了少量的黑色物质。

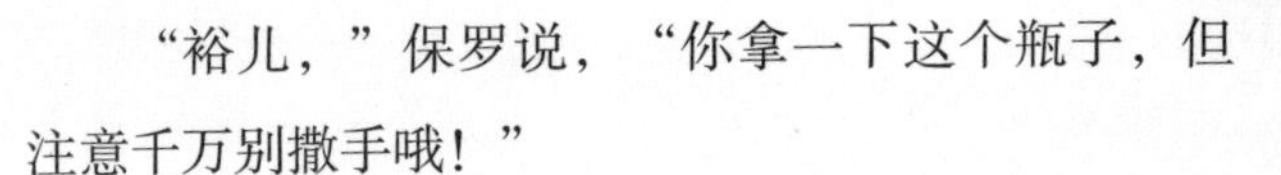

“裕儿，”保罗说，“你拿一下这个瓶子，但注意千万别撒手哦！”

裕儿一头雾水地将瓶子拿了起来，但就在这一刻，他突然明白了叔叔的意思，因为这瓶子烫得很，就像在火上烧过一样。他赶紧将瓶子放回地上，对叔叔说道：“叔叔，它为什么这么烫？如果它曾经被火烤过，发烫还是可以理解的。可是它并没有放在火上加热呀，竟然就自己烫了起来，真是太奇怪了。”

“显然，这瓶子里的东西会自己发热，而且热度还很高，甚至可以让人有灼痛的感觉。至于我们刚刚观察到的其他现象，比如‘嗤嗤’的声音，气化而喷出瓶口的水分和射出瓶外的固体物质，都可以看作发热的结果。”

等到瓶子里的反应逐渐减弱了，瓶身的温度也降了下来，保罗便把瓶子里的东西倒在了纸上。他对孩子们说：“你们再仔细看一看，看能不能把硫黄挑出来，哪怕挑出一颗来也行。”

孩子们拿来一根针仔细地翻捡着，只见这堆粉末就像煤烟一般漆黑，再也看不到黄色的硫黄和银灰色的铁屑了。

他们问道：“硫黄到哪里去了？我们刚才明明看见你把它放了进去，而且它始终都没有出来过，出来的只是水蒸气和一点黑色的物质，这说明它还在瓶子里，可我们为什么连一点也找不到呢？”

裕儿又说：“或许是因为它变成了黑色物质，让我们用火来试一试。”裕儿自以为找到了问题的解决办法，便将黑色物质撒到了炭上，可是等了好久也没有看到蓝色的硫黄火焰。他和埃米尔又想到，用磁铁把铁屑吸出来，不也能达到分离的目的吗？但是这一次，磁铁的两端却什么都没有吸到，两个孩子不由更加疑惑了。

这时，保罗才说道："看来，用从前的办法已经不能把它们分开了。而且这种物质的外观和性质也发生了根本性的改变，如果你们刚刚不曾看见它们是由什么物质合成的，你们绝对想不到其中有这两种物质的存在。"

"对呀，谁能想到这东西里会有硫黄和铁呢？"

保罗又接着说道："我刚才说了，这种物质的外观与硫磺和铁不同：硫黄是黄色的，铁是银灰色的，可它却是深黑色的。同时，它们三者的性质也不同：硫黄易于燃烧，且在燃烧时会发出蓝色的火焰，放出呛人的臭气，可这种物质却不能燃烧；铁可以被磁铁吸引，但这种物质却不能。由此我们可以断定，这种物质既不是硫黄，也不是铁，而是一种具有全新性质的物质。那么它还是硫黄和铁的混合物吗？自然也不是，因为我们无法用任何简单的办法将它们区分开来，而且它也完全没有了硫黄和铁的性质。类似这样的结合，化学上称为'化合'，它比我们已经学过的'混合'更为紧密一些。混合可以使各个成分保留原有的性质，但化合却会以新的性质来取代成分原有的性质。几种物质在混合之后，我们通常可以用简单的方法将他们分离开来，但是几种物质在化合之后，却决不能用简单的方法进行分离了。换句话说，就是它们原有的性质都已消失，被一种全新的性质所取代了。

"你们还应该注意，化合所产生的新性质，并非来自于原有物质的本性。化合可以让物质发生彻底的改变。比如把白的变成黑的，把黑的变成白的；把甘甜的变成苦涩的，把苦涩的变成甘甜的；把无毒害的变成有剧毒的，把有剧毒的变成无毒害的。以后再看到两种或两种以上的物质化合，你们就要仔细地注意它们的结果了。

"化合作用往往伴有发光、发热、炸裂、火星迸射等现象，化合之后，那两种物质就结合得十分紧密了，我们可以说它们结了婚，而光和热就是为了庆祝它们的婚礼而施放的烟花和灯彩。现在我不得不告诉你们，硫黄和铁结婚之后变成了什么，这种物质在化学上被称作硫化铁，看看这个名字，多像是婚姻对两种物质的约束啊！"

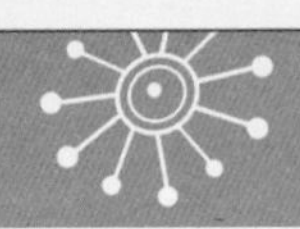

［俄国］尼查耶夫

钢铁是这样炼成的

大多数的元素都是以化合物（矿石）的形态贮藏于地下的。一般来说，自然界的矿石都含有氧元素（如铁矿石、铝矿石等）和硫元素（如辰砂、辉银矿、方铅矿等）。辰砂分子（HgS）是由一个汞原子和一个硫原子构成的；辉银矿（Ag_2S）是由两个银原子和一个硫原子构成的；方铅矿（PbS）则是由一个铅原子和一个硫原子构成的，所以又叫硫化铅。

想要从氧化汞中提取金属，通过很简便的方法就可以做到，只需把它放到蒸馏器里加热，汞就会被分离出来了。氧化汞加热之后，分子中的汞原子和氧原子就会分离，其中汞原子凝聚在一起成了汞，氧原子则成对地结合成氧分子飞到了空气中。

跟氧化汞相比，从氧化铅中分离出铅来就比较困难了，因为氧原子与铅原子的结合要稳固得多。通常我们会采用黑铅来分离氧化铅中的铅，黑铅是一种纯净的碳，它比铅更容易吸住氧，我们只需把氧化铅放到黑铅板上加热，碳原子就会主动与氧反应，变成一氧化碳和二氧化碳飞入空气中，从而得到纯净的铅。

铁是最便宜、含量最丰富的一种重金属，但它的还原却十分困难。对人类而言，铁的作用至关重要，人们可以将铁急剧冷却使它变硬，也可以将它缓慢冷却从而使它富有弹性，还可以通过再度加热而使铁的韧性相互转化。

铁元素极易氧化，因此想把它单独分离出来十分不容易。铁矿石大部分为赤铁矿（Fe_2O_3）和磁铁矿（Fe_3O_4），赤铁矿分子是由2个铁原子和3个氧原子构成的，磁铁矿的分子是由3个铁原子和4个氧原子构成的。它们的分子结构都恰恰说明了铁容易被氧化的特性。

除了铁的化合物，铁矿石中还有很多杂质，因此通常都会使用高炉精炼铁。高炉炼铁虽然比较原始，但却是效率最高的一种炼铁方法。

高炉下面粗、上面细，高度一般在20米以上，看起来就像一个巨大的烟囱。在高炉里面装满铁矿石、焦炭以及石灰石，热风不断地从烟囱下方涌进，以促进焦炭的燃烧，从而生成一氧化碳，一氧化碳则会将氧化铁还原成纯净的铁。另外，从石灰石里生成的生石灰（CaO）会与铁矿石中的无用物质以及燃烧后的焦炭相结合，成为矿渣，并经由高炉的下方排出去。

还原后的铁呈液态，里面混杂着大约4%的碳，通常沉积在矿渣之上。这样的铁又被称为铣铁或铸铁。发生在高炉里的化学反应与氧化铅和碳的反应十分类似：一氧化碳夺走了氧化铁中的氧原子从而形成二氧化碳，铁原子脱离氧的控制独立了出来。

铸铁在经过多种加工之后可以使纯度提高。比如，将铸铁熔于一个较浅的大容器——平炉中，再用火焰烧掉多余的碳，就可以使碳的含量由4%降至0.5%。这种用平炉生产出来的铁又叫作钢铁或平炉铁。碳的含量不同，钢铁的性质也不尽相同。碳含量少的软铁，容易制造各种形态的物品；而碳含量高的铸铁，一经铁锤敲打就会粉碎。

若是在钢铁里加上一些其他元素，制成合金，可以改良钢铁的性质。例如，添加镍和铬可以使钢铁成为不锈钢，添加适量的钼、钒、钨、钴、钛等元素，可以使钢的硬度、强度和磁性等性质有所改善。

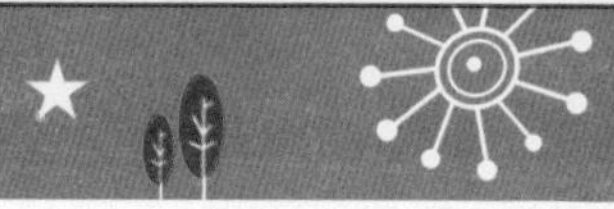

[法国] 法布尔

金属燃烧之后

但凡可以燃烧的东西，在燃烧时都会产生猛烈的火焰，放出灿烂的光亮，但是今天保罗却要给孩子们展示几种不易燃烧物质的燃烧现象。

“孩子们，你们今天将要看到几种特殊物质的燃烧，我们要燃烧金属！”

“金属？可是金属不会燃烧啊！”

“你们是听谁说的？”

“虽然没有人对我这么说过，但是从我观察到的事实来看，金属就是不会燃烧的。比如火叉和火钳都是金属做成的，可它们就算碰到了最热的火焰，也没有燃烧起来。还有火炉也是金属做的，如果金属能燃烧的话，那么整个火炉岂不都会被烧光了？”

“那么埃米尔，你是认为我说的‘金属能够燃烧’是不可能的了？”

“的确不可能，你说金属可以燃烧，那么也可以说水能燃烧了。”

“为什么不能，水也可以燃烧，因为它里面含有最好的燃料，我以后会证明给你们看的。”

埃米尔听了叔叔坚定的话语，便不再辩解了，只等着看金属是如何燃烧的。

保罗继续说：“以金属铁制成的火叉、火钳和火炉，之所以不能燃烧，是因为没有达到足够的热度。如果热度达到了，铁自然就燃烧起来了。其实这样的燃烧你们是经常可以看到的，只是你们没有注意而已。想想我们每次经过铁匠铺的时候，都能看到铁匠将烧红的铁条从熔炉里拿出来，那铁条一见空气，就会迸射出无数点火星，像烟花似的。你们知道这些火星是什么吗？其实那就是铁条表面的铁因为燃烧而迸射了出来。埃米尔，你现在相信我的话了吗？”

“我相信了。很多原本我们认为不可能的事，在化学上都是可以实现的。”

“我还要跟你们说，烟花厂如果想要让烟花释放出五颜六色的火星来，就会把各种金属屑混入火药里，铜会产生绿色的火星，铁会产生白色的火星。每一粒金属屑燃烧起来都能变成一个火星，由此烟花便释放出绚烂的色彩来了。有关铁的燃烧，其实是再普遍不过的事了，你们都知道，小刀打在燧石上会产生明亮的火星，这火星便是被打下来的铁屑因震动的热而发生的燃烧现象。又比如说石匠们砸石头时会产生火星，马蹄踢到石头上会出现火星，都是同样的道理。”保罗解释道。

“接下来我们要说的是另一种金属——锌。我这里有一个从旧的干电池上卸下来的壳子，它的原料就是锌。虽然从表面上看来，它是灰黑色的，但如果我们用小刀划一下，就能看到它内部的银色金属光泽。现在，我们就要让这片锌燃烧起来，这其实并不难，只要有一些燃烧的木炭就可以了。金属和其他可燃物质一样，有的容易燃烧，有的则不易燃烧，就像铁需要在熔炉的温度下才能燃烧，而锌却只要有炽炭的温度就足够了。另外，还有一些金属，它们的燃烧比锌更容易，这类金属我们很快就能看到了。

“让我们开始燃烧锌的实验吧，我将锌剪成小片放在铁汤匙里，再把汤匙放到炭火上加热，如果你们还有什么问题，这个实验都能替你们解答。”

保罗叔叔边说边做，不一会儿，锌就在汤匙中熔融了，等到汤匙也炽热之后，保罗就把炭火拿开，用一根粗硬的铁丝在熔锌中来回搅动，使锌可以与空气充分接触。突然，一个耀眼的淡蓝色火焰从熔锌中闪现出来，随着保罗搅动的动作忽明忽暗。孩子们惊诧地看着锌燃烧的火焰，又看到一种鹅毛似的东西从火焰中飞了出来，在空中翩翩起舞，顿时更觉得不可思议了。这鹅毛似的东西，看

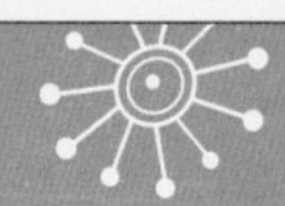

起来就像田野里随风起舞的蒲公英。这时，在熔锌的表面，也结出了一层薄薄的白绒，随着热流的涌动，这层白绒也飞扬了起来。不一会儿，汤匙里的熔液就全部燃尽，所有的锌都变成了白绒。

“这些白色的物质就是燃烧过的锌，也就是已经与空气中的氧化合过的锌。它们是没有任何味道的，就算你们把它放到舌头上，也尝不出它的味道。”保罗说道。

埃米尔小心地把一些白绒放到了嘴里，尝过之后肯定地说：“真的没有味道，就和沙石、木屑差不多。”

“好了，让我们继续下一个燃烧金属的实验吧，这可是今天最有趣的实验，它的材料就放在那个小瓶子里。”

埃米尔问道：“就是那些灰色的长得像丝带的东西吗？”

“是的。”

“但是这东西看起来绝不像能燃烧的样子。”

“外表并没有那么可信，我们还是仔细看看吧！”

说完，保罗便从瓶子里拿出了那个东西，只见它又轻又薄，却很有弹性，就像钟表里的发条。轻轻用小刀一划，里面的金属光泽就露了出来。

保罗告诉他们：“这种金属的名字叫镁，在我们的日常生活中很少见到它，它大多用于科学研究、摄影以及艺术性质的化学实验。刚才我们已经实验过，炽热的木炭可以使锌燃烧，镁更易燃，只要有一点烛火就能让镁燃烧了。而且只要一点燃，它就会自己燃尽，放出炫目的强光。”

此时，保罗已经点燃了一根蜡烛，并关上了百叶窗，以防止窗外的日光影响孩子们对镁燃烧所放出的亮光的观察。然后，他切下一条镁，用钳子夹住其中的一端，把另一端放到了烛火上。桌子上是保罗事先铺好的一张纸，以防镁燃烧后的物质滴落到桌子上。那条镁一燃烧起来，便放出了璀璨的亮光，把屋子里的所有物品都照得雪亮，就像阳光一般。除此之外，它的燃烧既没有声音，也没有火星。孩子们注视着强烈的光芒，眼睛都不舍得眨一下。

燃烧还在继续，火焰逐渐靠近钳子，一些像石灰似的物质不断地落了下来，不过几分钟的时间，所有的镁全烧尽了。孩子们的眼睛受了强光的刺激，都不断地揉着眼睛。等保罗拉开窗帘的时候，他们甚至已经看不清东西了。

过了一会儿，等视力恢复了，埃米尔才把自己的疑问提出来："刚才燃烧的时候，我正注视着烛焰，可是我觉得它比平时要黯淡了许多。"

"这是因为我们的眼睛在强光刺激之后，就很难再看见弱光的缘故。在黑暗中闪亮的火焰，移到强光下就没那么耀眼了。刚刚我们被耀花的眼睛和暗淡的烛光，都证明了镁光的强度，只有太阳光才能与它比肩。

"现在你们总该相信，金属也是可以燃烧的吧。而且，有些金属在燃烧时会发出强光，要不是价钱过于昂贵，我们甚至可以用它来代替灯光呢。

"还是让我把刚才燃烧时生成的物质说一说吧。这种白色物质很像细腻的石灰，它也不溶于水，所以没有味道。除了镁之外，这种物质里还含有一切物质在空气中燃烧之后所共有的东西——氧。

"最后，我要把以上知识总结一下：铁可以燃烧，铁匠铺里被锤击的炽热的铁，能迸射出火星，那火星就是燃烧的铁屑。如果我们到铁匠铺把燃烧后的铁收集起来，就会发现那是一种黑色物质，质地硬脆，用手指就可以压碎。这种黑色物质就是铁的氧化物，简称氧化铁。

"锌可以燃烧，燃烧后变成了白色物质，这种白色物质就是锌的氧化物，简称氧化锌。

"镁也可以燃烧，燃烧后生成的也是一种白色物质，与研磨过的石灰很相像，摸起来十分光滑。这种白色物质就是镁的氧化物，简称氧化镁。

"一般来说，金属都有可燃性，但也有部分例外。金属燃烧时与空气中或任何地方的氧化合，成为一种没有金属光泽的化合物。这种由金属燃烧而形成的化合物，叫作金属氧化物。就像酐是一种燃烧过的非金属一样，金属氧化物便是一种燃烧过的金属，二者都含有氧。"

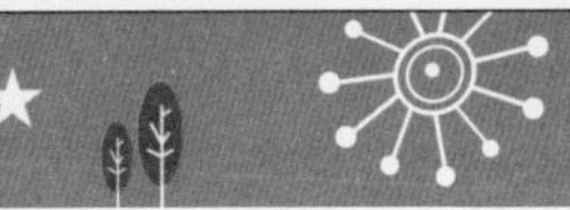

[法国] 法布尔

会变质的金属

埃米尔和裕儿在花园中玩耍时发现了一把生锈的旧刀，要是在几个星期前，他们一定会把这当成一件没用的废物，但是在保罗叔叔给他们讲了金属的燃烧之后，他们对于事物的看法已经发生了改变，所以对于这把旧刀，也就有了更大的兴趣。

裕儿捡起了旧刀，他注意到刀身上红色的铁锈与铁在盛氧的瓶子里燃烧后附着在瓶壁上的粉末很类似，于是便叫来埃米尔一起观察。他们认为，这把旧刀绝不可能在盛氧的瓶子中燃烧过，但是它所生成的铁锈却跟发条经过燃烧之后的产物很像，这是什么原因造成的呢？应该去请教保罗叔叔。

上课的时候，保罗叔叔回答他们：

“大多数的金属，如果在擦光了之后被放置着，它的金属光泽就会逐渐暗淡下去，并于表面生成一层皮似的东西。如果你用刀将一片铅切断，它的切面就会呈现银白色的光泽，但是用不了多久，这种光泽就会逐渐暗淡下去，最终变成暗灰色。铁与铅一样，当一件铁制品刚从制造厂出产之时，它的光泽是十分明亮的，几乎与银色无异，可是在空气中放置了一段时间之后，它的光泽就会渐渐暗淡下去，并且会在表面生出一些红色的点子，这些点子日渐扩大，最终甚至会布满铁的表面，并深入铁的内部，这就是我们通常所说的生锈。天长日久，铁就会完全变成这种松脆的红色物质。你们在花园里捡到的那把旧刀之所以会变成现在的样子，正是这个缘故。

“铅也会生锈，就是情形与铁不同，它并不会变成红色的物质，而是会变成暗灰色的物质。那些在铅的新切面上出现的暗灰色物质，就是铅所生的锈。同样

的，锌也会生锈，锌原本是银白色的，但是表面生锈之后就会变成青灰色；铜也会生锈，铜原本是红色的，但是表面生的锈却是绿色的。由此可见，一般的金属都会生锈。

“那么金属生锈的原因是什么呢？我们看到铁在盛氧的瓶子里燃烧，一种红色的粉末便附着在了瓶壁上，其实这红色的粉末就是铁的锈。我们还见过锌在汤匙中被加热，它熔融后燃烧而变成一种白色物质，其实这种白色的物质就是锌的另一种锈。同样的，铅如果在熔炉中与空气反应，就会变成一种松脆的黄色物质，这种黄色物质也可以看成铅的一种锈。把一张铜皮放进火里，它就会由红色变成黑色，同时火焰会呈现绿色，这样产生的黑色物质就是铜的另一种锈。总之，这些不同种类的锈都是燃烧过的金属，它们都是金属与氧化合而来的，也就是说，它们都是氧化物。

“这种在发光放热之后产生的锈（氧化物），和在金属表面缓慢生成的锈是相似的物质。如果把一片铁埋到湿润的泥土中，不久后它的表面就会生出一层红色的物质，如果把另一片铁放到盛氧的瓶子中燃烧，瓶壁上很快就会附着一层红色的物质，这两个例子所产生的化学作用是一样的。一片锌的表面生出了青灰色的薄膜，另一片锌在汤匙中熔融并燃烧后，变成了鹅毛似的白色物质，这两个例子所产生的化学作用在本质上也是相同的，两片锌都与空气中的氧化合了。一般的锈大多是一种氧化物，一种被氧化的金属，在生成氧化物之时不管是否能感觉到热，都一定发生了氧化反应。下面我再举一两个例子。

“一块长时间暴露在空气中的木头会逐渐腐烂，它的腐烂其实也是一种缓慢的氧化，只是它在速度上和发光的燃烧存在一些差异罢了。腐烂的木头也是与空气中的氧化合，并放出热量，就跟木头在火炉中燃烧是一样的。垃圾堆的内部通常很温暖，潮湿的草堆里有时温度高得惊人，这都是其中的某种成分与空气中的氧相作用的缘故。腐烂的木头也是如此，它发生着缓慢的氧化，缓慢地放出热量。

“你们一定会问，为什么我们感觉不到腐木放出来的热量呢？这也是很容易理解的。如果一块木头的腐烂需要十年时间，而同样大小的木头烧成灰烬只需要一个小时的时间，在两种情况下，木头都会放出热量，同样的热量前者要在十年的时间里放尽，后者却要在一个小时内放尽，所以我们几乎察觉不到前者的发热，却能深刻地感觉到后者的放热。一块腐木，一堆内部发热的垃圾，一根燃烧的树枝，这些都是氧化现象，即可燃的固体物质与空气中的氧相化合，有所不同的只是氧化的速度罢了。快速氧化也就是我们通常意义上所说的燃烧，发生时物质会发光放热。缓慢氧化则是我们平常所说的生锈或腐败，发生时物质不会发光，也不会放出能让人感觉到的热。前一种氧化，速度快且时间短；后一种氧化，速度慢且时间长。

“生锈是对金属而言的，腐败是对植物而言的，它们都是缓慢氧化的结果。总之，但凡金属暴露在潮湿的空气中，都（至少在表面）会与氧发生缓慢氧化并产生一种化合物，也就是生锈。

“几乎所有的金属都会发生这样的变化，它们被空气中的氧所腐蚀，就成了锈。锈的颜色因金属而异：铁锈一般为黄色或红色，铜锈为绿色，锌锈和铅锈为灰色。各种锈的产生也难易有别：普通金属里，铁最容易生锈，其次为锌和铅，然后是铜和锡，最不容易生锈的是银。金是一种不会生锈的金属，它可以永远保持明亮的光泽，这也是它能始终为人们所推崇的原因。古代用金制成的货币和饰品，就算长时间埋藏在潮湿的地下，也依旧灿烂如新，和刚刚制出来时一样。如果换作其他金属，早就锈得面目全非了。”

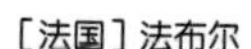
[法国] 法布尔

面包去哪儿了

“今天我们的课要从一片面包讲起，你们来说一说，面包里都包含着哪些东西？”保罗对孩子们说道。

埃米尔抢着答道：“里面含有面粉。”显然，他对自己的答案满意极了。

保罗也赞同地说：“是的，但是面粉中还含有哪些东西呢？”

“面粉里有哪些东西？面粉里当然只有面粉呀！”

“如果我告诉你们，面粉里含有碳，也就是木炭，你们会相信吗？”

“怎么可能？面粉里怎么会有木炭？”

“千真万确，孩子，它含有木炭，而且含有很多。”

“哦，保罗叔叔，你是在开玩笑吗？我们不可以吃木炭啊！”

“我不是告诉过你们，化合作用能够让黑的东西变白，酸的东西变甜，有毒物质变成营养品吗？我可以把这种从面包中得来的木炭拿给你们看，其实，你们早就已经见过它了，只要我一说，你们立刻就会想起来。想一想，你们平时吃面包的时候，不都会放到炉灶上烤一烤吗？”

“对呀，烤过的面包更松脆呢！”

“那么，如果你们忘记把烤好的面包从炉灶上拿走了呢？如果这片面包在炉灶上超过了一个小时，又会怎样呢？请你们用以往的经验回答我。”

“这很容易回答，它会变成一堆木炭，我已经见过好几次了。”

“那么，谁能告诉我，这些木炭是从什么地方来的？是从炉灶里吗？”

“这是绝对不可能的。”

“那么，是从面包本身中来的吗？”

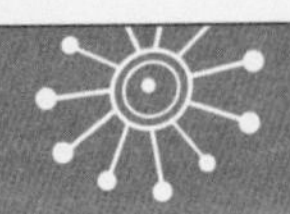

“嗯，我想应该是来自面包本身。”

“可是，如果一种物质里不含有某种东西，那么是绝对不会凭空生出这种东西的，所以，这种在面包烤久了之后出现的木炭，就一定是来自面包本身所含有的碳。”

裕儿说：“我承认面包里确实有碳，因为证据就在这里，无法否认。但是，就像埃米尔刚刚说的，我们不可以吃木炭，却可以吃面包，木炭是黑色的，而面包却是白色的，这是为什么呢？”

保罗答道：“单独存在的木炭或碳，的确是你所说的那种黑色的、不能吃的东西，但是我们吃的面包里的碳并不是单独存在的，它是与其他物质化合在一起的。经过化合之后，它的本性就发生了变化，就像硫化铁完全没有硫和铁的性质一样。在这些烤焦的面包里，所有属于面包的性质，都被大量的热赶走了，余下的只有木炭和属于木炭的性质：颜色深黑、质地松脆、味道粗恶。炉灶所散发的热，破坏了化合的成分，使面包里原本结合在一起的东西，分散开来，这就是面包变成木炭的所有秘密。现在再让我们说一说面包中除了碳以外的其他东西。这些东西你们也曾看到过，而且当它们被热驱逐出来时，你们还闻过它们难闻的气味。”

裕儿又问道：“你说的是不是面包在烤成木炭时散发出来的那种有特殊气味的烟雾？”

“是的，这说明你已经理解我的意思了。这种烟雾就来自于面包本身。如果把木炭和烟雾再次化合，就能组成与未受热之前的面包同样的东西。是热主导了分离，它将某种元素驱赶到空气里，卸下了它的装扮，只把那种你们称为木炭的、无法食用的黑色物质留了下来。”

“那么就是说，是木炭和烟雾共同造就了面包，同时两者在分开时都是不能吃的东西，只有结合了才能食用，是吗？”

“确实如此，原本没有营养甚至可能对身体有害的东西，经过了化合，可能会变成十分有营养的东西。”

“可是，我还有一个问题不能理解，你说在热的作用下，面包分成了木炭和气体，如果再进行化合，它们还可以组成和过去一样的面包。但是，火难道没有

把面包毁坏吗？”

“毁坏，是一个广义的词语。如果你的意思是，面包受热之后就不再是面包了，这个意思是完全正确的，因为木炭和气体不能算作面包，它们只是组成面包的物质。但如果你的意思是，面包受热之后就化为乌有了，那却是大错特错了。因为所有存在于世界上的物质，即使是一分一毫，也无法在某种力量或方法的作用下消失。”

“可是我刚刚的意思就是你的后一种说法——化为乌有，完全毁灭。我们不是总说火能毁灭一切吗？”

“这句话是完全没有道理的，看来我还得对你们重申一遍，全世界没有任何一种东西，哪怕是一粒沙子、一条蛛丝，能被任何力量所消灭。

“这个问题十分关键，所以你们一定要仔细听好。假设我们要建一栋富丽堂皇的大厦。在建造之时，建筑工人会把各种各样的材料，如砖瓦、石块、房梁、木料、石灰等放置到合适的位置。等到盖成之后，大厦岿然屹立，好像永远都不会倒塌的样子。但是这是绝对不可能的，想要毁掉它十分简单，你只要让建筑工人用锄镐、铁锤等工具，很快就可以让大厦变成一堆残砖破瓦。对大厦本身而言，它确实已经被毁掉了。

“可是它是不是被消灭，甚至化为乌有了呢？当然不是，大厦虽然已经被毁掉了，但是拆下来的残砖破瓦不是还在那里吗？所以大厦并没有被消灭，用来建造大厦的一砖一瓦也没有化为乌有。或许，在拆除大厦的时候会有一些泥土被风吹走，但是不管这些泥土有多微小，不管它被吹到了哪里，它都一定还存在于这个世界上。所以对大厦的整体而言，它一丝一毫都没有减少，更不会被消灭。

“火是一种毁坏者，但也仅仅是毁坏形体而已。它可以将各种材料建成的房屋毁坏，却不能把这些材料中的任何残屑、任何尘埃消灭掉。用火来烤面包，可以说它在起毁坏作用，却不能说有什么消灭作用发生。因为面包被火烤过之后，生成的还是与面包所含物质相同的物质。残留物中的木炭和某种烟雾，木炭是固体，因此我们可以看到；而气体却是容易飞散的，所以很快就不见了。所以，你

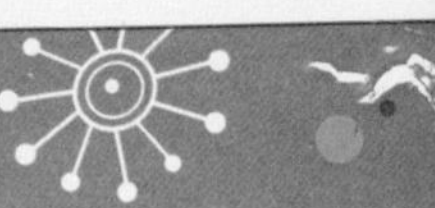

们以后就不要再提‘消灭’这种说法了。”

“可是——”

“可是什么？裕儿，你还有什么疑问吗？”

“如果你把一块木头放到火里，烧过之后就只剩下了一点灰烬，难道这也不能说它被消灭了吗？”

“你观察得非常仔细，这很好。现在我就来回答你的问题，我刚才说了，拆除大厦时会有一些泥土被风吹走。假如我们把这些拆下来的材料全部捣成碎末，那么在经过几次大风之后，还会剩下什么呢？”

“当然是什么也没有了啊！”

“那我们可不可以说大厦化为乌有了呢？”

“不可以，因为它只是变成尘埃被吹到别处去了。”

“那么有关木头的问题，跟这个是同样的道理。火把木头变成了它的组成成分，这些成分有的比最细小的尘埃还要小，它分散到空气里，人的肉眼根本看不到。我们可以看见的，也只是最后剩下的那一点灰烬，因此就认为其他的物质被完全消灭了，其实它们依然存在，并且不可消灭，只是因为像空气那样无色透明，所以不被我们发现罢了。”

“你的意思是说，燃烧过的木头有一大部分都变成了看不见的东西，飘散到了空气里吗？”

“正是，孩子，所有用来发光发热的燃料，都可以这样理解。”

“我终于明白了，我们看不到大部分飘散在空中的木头，正如我们看不到拆除大厦时，那些被风吹散了的泥土一样。”

“不仅如此，一栋大厦拆下来的材料，还可以去建造位置和形态都不同于前的其他房子。因此一堆断壁残垣又能变成一座崭新的建筑了。再进一步说，同样是这些材料，还可以用来建造其

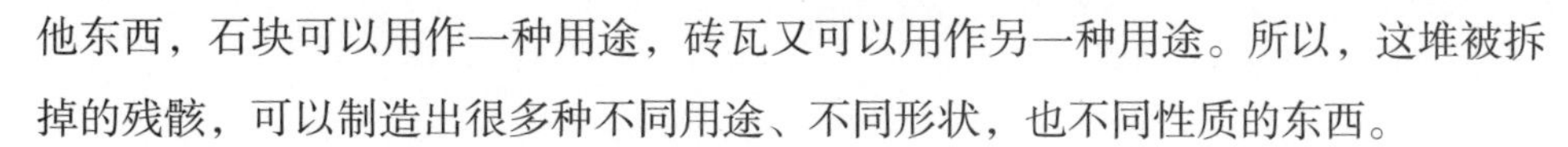

他东西，石块可以用作一种用途，砖瓦又可以用作另一种用途。所以，这堆被拆掉的残骸，可以制造出很多种不同用途、不同形状，也不同性质的东西。

“世间万物的变化规律，也大多如此。我们假设有两种或两种以上性质完全不同的物质，化合在了一起。它们结合到一起后，有了某种特殊的形态，我们可以把它比作一栋建筑。这种新物质的性质与组成它的那几种物质完全不同，就像我们建好的房子不是木头、石块、砖瓦等我们用来建这栋房子的任何一种材料。

“后来因为某种原因，这种化合物被分解了，它的化学结构遭到了破坏。但是它的残骸依然存在，其中的成分也丝毫没有损失。大自然会怎么处理这些残骸呢？也许把其中一种成分用作这种用途，又把另一种成分用作那种用途，照这样利用下去，结果就产生了各种各样与之前的物质完全不同的东西。原本可以让某种物质变黑的成分，也许与其他东西化合成了一种白色的物质；原本在酸味物质里的成分，也许会跟别的物质化合而成为一种甜味的物质；原本有毒的某种物质，也许可以应用到食品之中。这一切正如原本用来修葺水沟的砖头，也可以用来制造与水沟截然不同的烟囱。

“综上所述，所有物质，都永远不会被消灭。虽然从表面来看，很多物质好像都会被消灭，但这只是我们没有认真观察的缘故。我们只要细心观察，就可以发现物质是长存而不灭的。它们参与着各种各样的化学反应，其中有几样甚至每时每刻都在毁坏，都在改变，就这样反反复复地变化着，永不停息。而对于全宇宙来说，这样的变化只有增益，绝没有损失。”

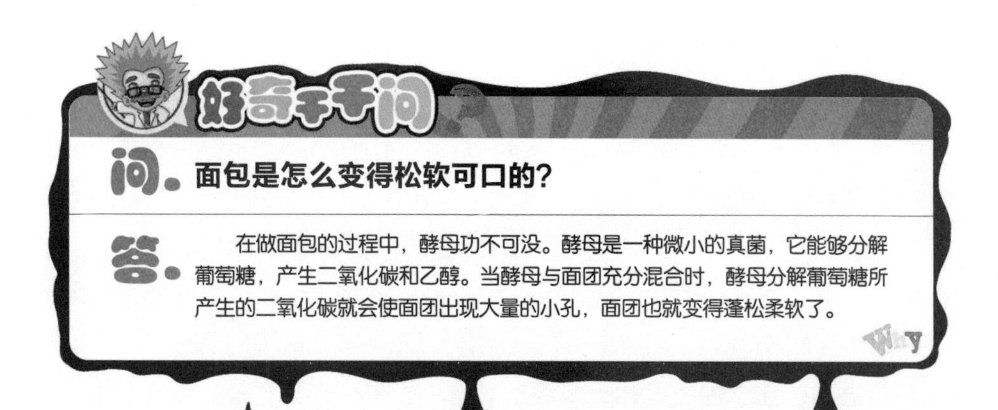

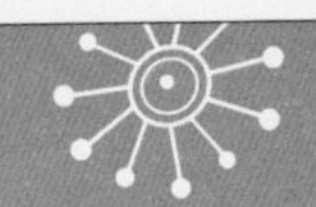

[俄国] 尼查耶夫

淡紫色火焰之谜

在19世纪，化学家的实验室都少不了苛性钾和苛性钠这些苛性碱，因为它们要参与几百种化学反应。

从外形来看，苛性碱很硬，略带白色，像石块一样。把它们放在手上，会有烧灼感，如果时间长了，手上的皮肤就会被烧烂。

苛性碱很容易吸收空气中的水分，然后慢慢变湿、变酥，最终变成一团糊状的东西，像肥皂一样滑。

化学家是怎么识别苛性碱的呢？他们一般通过它跟植物染料石蕊或酸所起的化学反应来识别。

浸透了蓝色石蕊染料的试纸遇到酸就会变红，而这种变红的试纸和苛性碱接触后又变回了原来的蓝色。可见，苛性碱和酸就是一对冤家，只要它们相遇，就会起激烈的反应，互相吞噬，直到变成平静的溶液。化学家称苛性碱和酸互相“中和”了，生成了盐。

当时，由于苛性碱很难分解成新的物质，它好像只能和其他物质化合，因此，人们认为它和金属、硫、磷以及氧、氢、氮等气体一样，属于单质。

可是，化学家戴维对这些被公认为单质的物质提出了质疑，他决定试试用电流来分解它们。他开始研究硫、磷、碳、碱、苦土、石灰和矾土，验证它们是不是单质。

戴维打算从碱入手研究，因为碱的一些化学性质和一些已知的化合物很相似。伟大的化学家拉瓦锡也做过这样的推测，只是他没有证实自己的推测而已。

戴维决定先分解苛性钾，于是配制了一些苛性钾的水溶液。他又让他的助手——堂兄埃德蒙得，把皇家科学院的电设备集中在一起，组成庞大的电池组。这个电池组能产生强大的电流，戴维希望它们能分解苛性钾。

可是，当他把与庞大的电池组相连的两根导线浸入苛性钾溶液后，导线附近出现了气泡，并升入空中。很明显，实验失败了。苛性钾没被电解，只是水被电解成氢气和氧气。

戴维没有轻易放弃，他认为水妨碍了实验，就用熔融的无水苛性钾替代了苛性钾溶液。

他在白金匙子里放了些干燥的苛性钾粉末，将一盏酒精灯放在匙子下面，然后将纯净的氧气用风箱吹进灯焰，使灯焰充分燃烧，最终使苛性钾变成了液体。

戴维马上将电池组的一根导线跟匙子相连，再将另一根导线浸入熔融的苛性钾里。

戴维怀着忐忑不安的心情，终于发现电流通过了熔融的苛性钾。很快，在导线与熔融苛性钾接触的地方，出现了小小的淡紫色的火焰，非常美丽。电路连通时，火焰一直没有熄；而电流一断开，火焰马上熄灭了。

埃德蒙得莫名其妙地看着戴维问："这是怎么回事啊？"

"埃德蒙得，这说明苛性碱不是单质。"戴维自信地说，"电流已经分解了苛性钾，生成了新的物质，导线旁发出淡紫色火焰的就是新的物质。不过目前我不知道它是什么物质，也不知道如何收集它。"

要怎样收集这种神秘的物质呢？戴维又重复进行了几次实验，每次把上面那根导线连接电池组的阴极，把白金匙子连接电池组的阳极，都会有淡紫色的火焰。但是，当他调换两根导线，火焰就会消失，并有气泡产生。

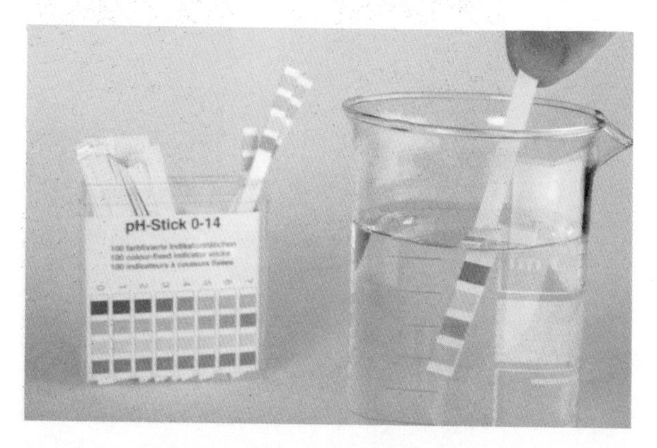

戴维猜这气泡大概是氢气。可是，燃烧时产生淡紫色火焰的神秘物质仍然无法收集到。

10月，在一个雾蒙蒙的

早晨，戴维一吃完早饭就去了实验室。

在做实验前，他总结了前两次实验失败的原因：第一次苛性钾没有分解是因为有水，第二次是因为熔融苛性钾的温度过高。因此，要想获得产生紫色火焰的物质，必须用液态的苛性钾，但又不能用火烧，看来，只有试试让电流通过冷的固体苛性钾。

实验的前一天晚上，戴维去一个贵族家里参加舞会，很晚才回家。他仅仅睡了3个小时，脑子昏昏沉沉的。但是，他一进实验室，头脑马上清醒过来，开始忙着做实验。很快，埃德蒙得也来上班了。

现在必须要解决的问题是让电流通过冷的固态苛性钾。由于干燥的苛性钾是不导电的，因此，戴维用水把苛性钾打湿。但这样一来，电流只会分解水而不会分解苛性钾。

戴维冥思苦想，实验却毫无进展。如果苛性钾不弄湿，即使电池组的电流再强，也无法通过苛性钾；可用湿了的苛性钾，却得不到理想的结果。

戴维看着那块竖立在眼前的苛性钾，它似乎在拒绝被分解，他心里暗暗想：我一定要分解它！

他想了几十种方法，但操作起来太麻烦，不容易成功。即使是这样，他还是想尝试所有想到的办法。于是他让埃德蒙得又拿来了一块干燥的苛性钾。

可是，戴维并没有马上把它放到与电池组的阴极连接的白金片上，这时他思考了一分钟：不如稍微让它从空气里吸收点水蒸气，说不定它会变为导体，同时，由于含水量少，不会阻碍电流通过苛性钾。

把苛性钾弄得不干也不湿，这个想法真不错！

戴维让苛性钾表面沾了一点水汽，就把它放在白金片上，然后让导线接触苛性钾，想试试电路是否接通。没想到电流一通过苛性钾，苛性钾的上下两部分便开始熔化。

此时，戴维脸色苍白，他紧张得好像窒息了一样。苛性钾一边熔化，一边发出轻微的“嗞嗞”声。突然，熔融的苛性钾上传来“啪”的一声。

戴维激动地推了推身边的埃德蒙得，把头俯到实验台上，喃喃地说：“埃德蒙得……你看啊，埃德蒙得！”

只见苛性钾的上部分像沸腾了的开水一样翻滚着，下面的白金片上有很小的亮珠子从熔融的苛性钾里滚出来。它们有着银一样的光泽，刚一滚出来就爆裂开来，升腾起淡紫色的火焰，但马上就看不到了；有的虽然看得到，却马上变暗，蒙上一层白膜。

戴维突然意识到苛性钾的成分中一定含有一种未知的金属，他抑制不住自己激动的心情，在实验室里大声呼叫：“成功了！成功了！”与此同时，他碰坏了不少实验仪器。

一位实验员刚给一个瓶子装满了蒸馏水，听见他的叫喊声，就连忙冲出实验室，甚至连手里的虹吸管都没来得及放下。

戴维大声叫着，还摇了摇埃德蒙得的两肩，让他马上拆电路：“我们成功了。你知道吗？成功了！”

戴维沉醉在成功的欢愉里，久久不能平静。他满怀信心地对埃德蒙得说：“这还只是开始，以后我们还会发现新的元素。伽伐尼电流真强大啊！看来咱们可以改写化学史了！”

等他好不容易平静下来，便开始写实验记录。墨水四溅，几个笔头也被写坏了，他终于记录下那伟大的一刻。

记完以后，他急忙把手洗干净，大声唱着歌往外冲。突然，他又停下脚步，回到桌边，在刚刚写下实验结果的那一页的空白处写下了一行粗大的字：出色的实验！

从那以后，戴维认定苛性钾不是单质，由于英国人称苛性钾为锅灰，他便称那种未知的元素为锅灰素（即现在的钾）。

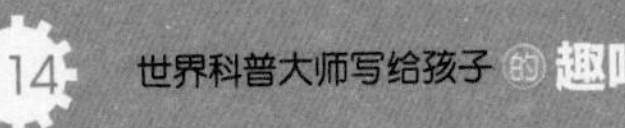

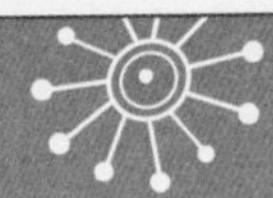

［法国］法布尔

生活中的化合物

“今天我们的课从一则寓言开始，还记得你们刚读过的那个雕塑家与丘比特石像的故事吗？雕刻家买了一块上好的云石，打算将它做成某种物品。一块云石，原本可以用来做各种各样的物品，比如石盘、石桌，等等，但是雕刻家却想要把它做成一个神像。大自然中万物的生长发展，也与此类似。比如说在土壤里种植各种作物，我们可以种萝卜、小麦，也可以种玫瑰。碳是土壤的一种组成元素，是植物生长所必需的。如果我们现在决定将玫瑰种在土里，那么这些碳便会提供给玫瑰，并进而成为玫瑰的一部分。如果我们决定不种玫瑰，而是种萝卜或小麦，那么这些碳就会成为萝卜或小麦的一部分。”

埃米尔问道：“可是玫瑰里除了碳，还有其他的东西吗？”

“当然有，不然碳就只能是碳，不会成为其他东西。它和其他元素化合才有了玫瑰。其他含碳物质的生成，也都是这个道理。”

裕儿把保罗叔叔的话总结了一下，说道：“这么说，在面包、牛奶、奶油、煤油、水果、棉花、麻、纸张等物品里，都包含着碳和其他的很多种元素。而且这些元素不管在棉花，还是蜡烛、木头里，都保有同样的性质。你还说过，所有的元素都可以分为金属和非金属两类，所以这些元素永远是同样的金属或非金属。那么我们的身体也是这样组成的吗？”

“说起人体的组成，当然与自然万物是一样的，它也同样是由金属与非金属元素组成的。”

埃米尔突然惊异地大喊了起来：“什么？我们的身体里也有金属吗？难道我们是一座座矿藏吗？我们又没有像卖艺者那样吞食铁蛋，怎么会有金属在身体里？我不相信。”

“我们的身体里的确含有铁，而且这种铁与卖艺者吞食的铁完全一样。它还是我们身体里不可或缺的一部分，没有它我们根本无法生存，知道吗？能让我们的血液变成红色的，正是这铁。它和我们身体中的碳、硫及其他元素一样，都是从食物中得来的。你们想一下，碳、硫都可以与其他元素化合，难道铁就不会吗？一些脸色苍白、营养不良的患者，医生会让他吃含有铁元素的药物，这虽然不是吞食铁蛋，可不也是在吃铁吗？”

“哦，我明白了，你再讲讲别的东西吧。”

“我还没有讲完呢！你不能说人是矿藏，因为人体里的金属也就只有包含铁在内的几种，像金、银、锡、铅、汞等我们熟悉的金属，都不是人体或动物体所需要的，甚至像铅和汞，还是有毒的金属，人体如果吸收了它们，就会中毒甚至死亡呢。至于铁，其实只要在人体里加入极微小的一点，就可以让血液变红，就算是像牛那样大的动物，把它血液中的铁全加起来，也不够做成一根铁钉的。

“结合你们所学的知识，你们应该已经明白，元素通过种种方法进行化合，从而生成许多性质各异的物质，这些物质就是化合物。化合物的总数可以说是无限的，但是这无限种类的化合物，却是由90几种元素中的若干种化合而来。并且这90几种元素中有很多元素用处极少，即便它们不存在，也不会影响到万物的总数。总的来说，大自然里的大部分物质都是由十几种元素组成的。”

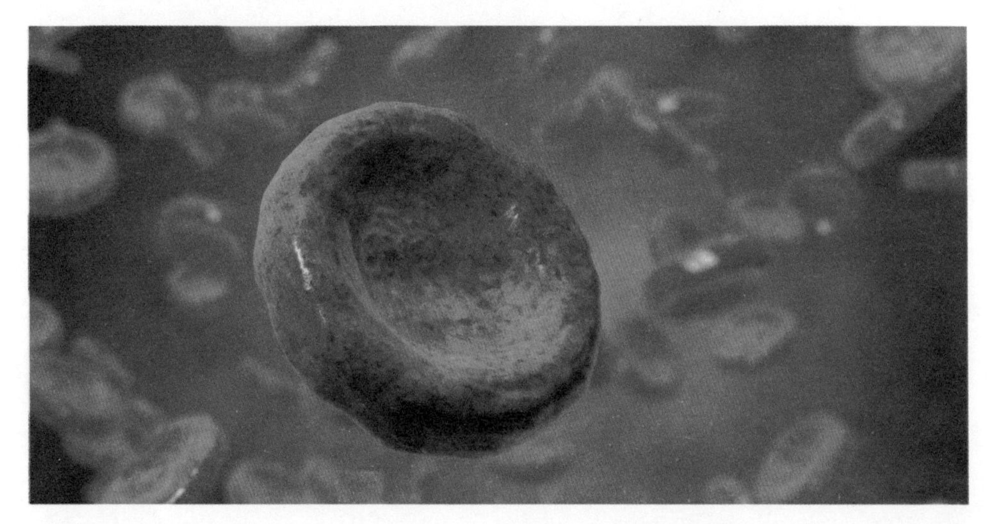

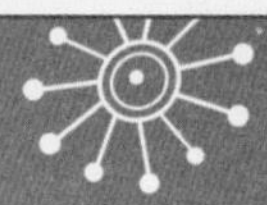

［法国］法布尔

一支粉笔

“今天我们要讲的这一课是相对安静的，既没有猛烈的火焰，也没有刺耳的响声，但这堂课的重要性却不低于以往的任何一课。首先我需要让木炭在空气里燃烧，以生成一些二氧化碳。再准备两个大小一样的瓶子，把一段燃烧的木炭放进其中一个瓶子里，瓶子里充满了空气，所以木炭可以继续燃烧。等到火焰熄灭了，我们需要的二氧化碳便制好了。它是一种看不见的气体，我们的眼睛捕捉不到它的存在，但是用石灰水却可以。我用汤匙把一两匙石灰水注入瓶中，并加以震荡，石灰水很快就变成了浑浊的白色液体。石灰水是因为瓶中的二氧化碳才变成白色的吗？这个问题十分容易解答，只需要看一看另一个瓶子里的气体——氮气和氧气——能不能让石灰水变成白色，就知道了。所以，我们需要用实验来替我们求证。我再把一些纯净的石灰水注入另一个充满空气的瓶子，并加以震荡，可是瓶中的石灰水却没有什么变化，依然像清水一样纯净。可见只有二氧化碳才能让石灰水变色，而氮气和氧气却不可以。我还要强调一下，你们一定要记住了：所有的气体，除了二氧化碳之外，都不能使石灰水变成白色。

“由此可见，石灰水是辨别二氧化碳与其他气体的一种有效工具。想要判断一个瓶子里的气体是不是二氧化碳，就可以请石灰水帮忙，如果震荡之后石灰水成了白色，就一定是二氧化碳，反之则一定不是二氧化碳。有时候炭的燃烧并不能被我们所察觉，但是在石灰水的帮助下，一切就一目了然了。

“接下来我把被二氧化碳变白的液体倒在一个玻璃杯里，将杯子对着光源仔细观察，就会发现里面有很多白色的细颗粒物，正在兜兜转转地绕着圈。如果把杯子静置片刻，这些细颗粒物便会沉到水底，而上层的液体又会跟清水一样了。

让我们把上面的液体倒出，只保留下面微量的沉淀物。你们一定要问了，这沉淀物是什么呀？它的外观跟生活中常见的面粉、淀粉或白垩粉十分类似。没错，它就是白垩粉，跟用来制造粉笔的白垩粉属于同一物质。

“不过，你们千万别以为老师在课堂上写字的粉笔就是这样制造出来的，要是每次一制造粉笔就要燃烧木炭、溶解石灰，那所需的费用和精力就太大了。制造粉笔所用的白垩是天然出产的，只需去除其中的杂质，用水调和后再压制成型就可以了。现在我们手中的白色物质，是用人工的方法制造的白垩。那么它又是怎么生成的呢？它是二氧化碳与石灰水相遇之后，与其中的石灰发生反应而生成的一种盐类，叫作碳酸钙，俗名碳酸石灰。

“碳酸钙虽然都是由碳酸和石灰化合而成，但是它在大自然中所呈现出来的状态，包括粗细、硬度、韧性等方面，却不尽相同。白垩质地疏松柔软，容易粉碎；石灰石、铺路石坚硬而粗糙；大理石细致而坚硬。虽然名称、外观和用途存在很大差异，但是构成这些石类的物质却是一样的——都是燃烧后的碳与石灰的化合物，所以我们将上面所说的种种石类，统称为碳酸钙。因此，在有需要的时候，我们也可以从白垩、石灰石或大理石中制取到二氧化碳，它和木炭燃烧所产生的二氧化碳是完全一样的。

“由此可见，燃烧木炭并不是制取二氧化碳的唯一办法，几块小石子也能达到同样的目的。现在就让我们来验证一下这个令人十分诧异的事实：一块小石子如何产生二氧化碳。

“白垩、大理石以及一切石灰石，都含有二氧化碳，碳酸是一种弱酸，在任何其他的强酸面前，都会心甘情愿地将自己的地盘让给对方。所以，如果我们把一些强酸洒在这些石子，也就是碳酸钙上，里面的二氧化碳就会被强者驱逐出去，同时这个新来的强者还会抢占二氧化碳的地盘而与石灰化合成新的盐。举例来说，硫酸可以把碳酸盐变为一种硫酸盐，磷酸可以把碳酸盐变为一种磷酸盐。在上述两个例子里，都会产生二氧化碳，其表现则是石子的表面出现许多气泡。

“这样的反应是不是很精彩？让我们把刚刚用人工方法制成的白垩拿来试一下吧！你们看，这杯底的白垩还没有完全干燥，但是这并不影响我们的实验效果。我把一滴硫酸滴到这些白色的糊状物上，立刻就会看到白色的糊上腾起了许多泡沫，这些泡沫便是由那些被硫酸驱赶出来的二氧化碳小气泡形成的。现在我们再拿一些天然的白垩进行实验，在黑板上写字的粉笔就可以。先取出一支粉笔，再用一根细玻璃棒蘸取少量的硫酸滴到粉笔上。在被酸滴到的地方，很快便出现了泡沫，这也是二氧化碳被硫酸驱赶出来的有力证据。

“我之前已经告诉过你们，这些白色粉末的性质与白垩是一样的，刚刚做完的实验也进一步证明了这个事实。这两种物质在遇到酸之后，都出现了泡沫并产生了同样的气体，如果按照这种方式进行大规模的操作，将所有气泡里的气体全部收集起来进行实验，就可以更清楚地证明这一点了。总而言之，这两种物质不仅外表相同，内部也是完全一样的，也就是说，它们是同一种物质。

“另外，石灰石也与上面所说的两种物质属于同一类东西，那么我们该怎样判断某种石子到底是不是石灰石呢？这个问题对于我们今天的实验来说是十分紧要的，因为我们正需要找到这样的石子来制取更多的二氧化碳，以进行后面的实验。在化学里，强酸是鉴别这类问题最可靠的行家，只需一小滴强酸，问题便可迎刃而解。我这里有一块从河滩上捡回来的硬石子，让我们把一些硫酸滴在上面，你们看，它毫无反应，也没有出现一点点气泡，可见这是一块不含二氧化碳的石子，它不是碳酸盐，所以我们不能用它来制取我们所需的气体。

“再看这块石子，它也很硬，让我们用同样的方法来实验。你们快来看，硫酸一滴到它身上，立刻就出现了泡沫。可见这块石子里是含有二氧化碳的，所以它是碳酸石灰，也就是石灰石。对于那些不熟悉石头的人，当他们无法仅凭外观来判断某块石头是不是石灰石的时候，都可以采用上面我所说的这种方法进行判断。”

埃米尔赞同地说：“这个方法确实十分简便，遇到强酸能产生泡沫的石子就是石灰石，反之，不能产生泡沫的石子就不是石灰石。一块石子可以产生泡沫就说明它里面含有二氧化碳，反之，一块石子如果不能产生泡沫就说明它里面没有二氧化碳。”

保罗说道：“没错！现在我还要跟你们说一件事。石灰石属于碳酸盐，它的化学名称是碳酸钙，这些我们之前已经说过了。但是碳酸盐却不止碳酸钙一种，其他的很多金属，如铜、铅、锌等，都有一种或几种碳酸盐。不过在大自然里，碳酸钙的含量是最多的，并且对我们的世界具有十分重大的作用，所以我要着重强调以引起你们的注意。土壤中的大部分成分都是碳酸钙，绵延数千里的山脉中也含有大量的石灰石。但所有的碳酸钙，不管在大自然中产出的很多还是很少，只要一遇到强酸，无一例外都会出现泡沫并放出二氧化碳。

“下面就让我们继续来制取二氧化碳吧。这些是我事先准备好的碎石灰石，在把它们放进瓶子之后，我还要再加入一些水，这样就可以稀释强酸，使气体不至于放得太快，以便我们可以更好地掌控实验。这次我们要用到的酸并不是刚才用的硫酸，因为硫酸与碳酸钙反应，会生成硫酸钙。这是一种难以溶解的物质，它会附着在石灰石上，阻碍反应的继续进行，让气体无法持续释放。要想得到源源不断的气体，就必须保持石灰石的表面清洁，换句话说，就是新的化合物必须在生成之后立刻离开。要想做到这一点，必须让新的化合物溶解在水中，所以我们便选择了盐酸，它就可以达到这一目的。

“盐酸也就是氢氯酸，它是一种黄色有强酸味的液体，在空气里，能发出有刺激性气味的白烟，让我们在放着水和石灰石的瓶子中注入一些盐酸，并稍微震荡，二氧化碳便被驱赶出来了。再将这些二氧化碳收集起来，我们的实验就结束了。”

[法国] 法布尔

多功能的二氧化硫

“我们已经知道硫黄在氧气中燃烧，会产生美丽的蓝色火焰，并放出一种使人呛咳的臭气，这种气体就叫作亚硫酐或二氧化硫。硫黄在空气中燃烧时虽然比较缓慢，火焰也不那么明亮，但同样会产生这种叫二氧化硫的气体。那么二氧化硫有什么作用呢？这也正是我们今天的课要解决的问题。首先我们需要去花园里摘一些紫罗兰和蔷薇。”保罗说道。

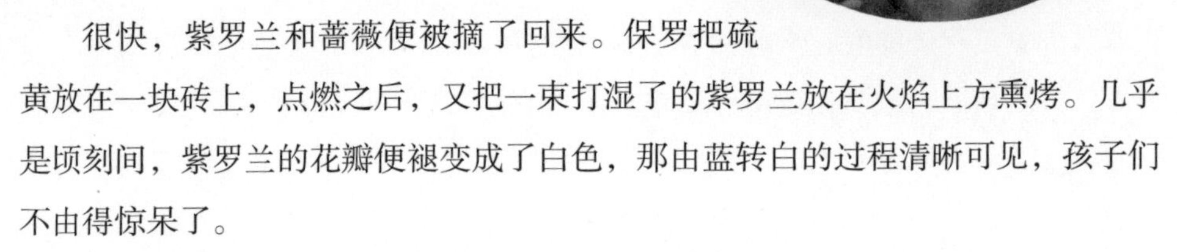

很快，紫罗兰和蔷薇便被摘了回来。保罗把硫黄放在一块砖上，点燃之后，又把一束打湿了的紫罗兰放在火焰上方熏烤。几乎是顷刻间，紫罗兰的花瓣便褪变成了白色，那由蓝转白的过程清晰可见，孩子们不由得惊呆了。

保罗继续说：“下面再让我们用蔷薇试一试吧。”说着，他又把一束打湿了的蔷薇放在硫黄火焰的上方，不一会儿，红色逐渐褪去，也最终变成了白色。孩子们觉得有趣极了，打算在课后也亲自试一试。

“这个实验，你们还可以用其他的花试一试，尤其是红花和蓝花。只要是有色的花，在打湿之后放到二氧化硫气体里，都会变成白色。由此我们便可得知，这种有着蒜臭的气体，具有漂白的作用。

“这种作用的用途十分广泛，在我们的家庭生活中也用得着。举个简单的例

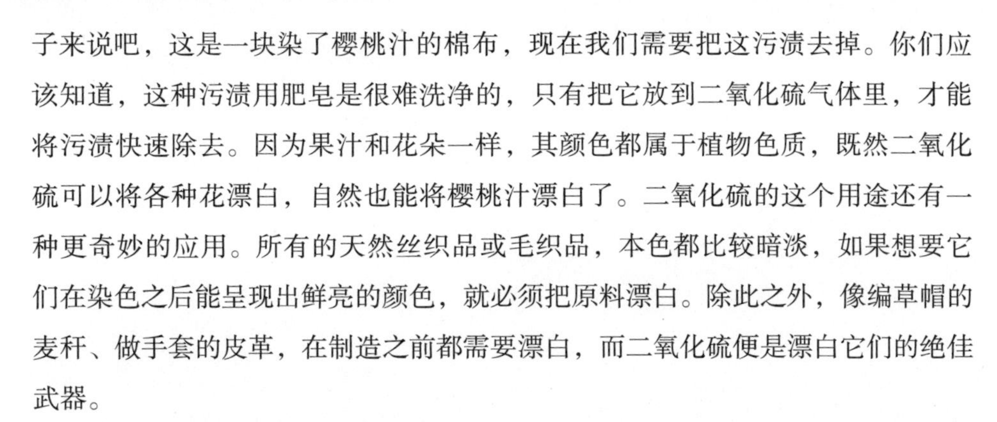

子来说吧，这是一块染了樱桃汁的棉布，现在我们需要把这污渍去掉。你们应该知道，这种污渍用肥皂是很难洗净的，只有把它放到二氧化硫气体里，才能将污渍快速除去。因为果汁和花朵一样，其颜色都属于植物色质，既然二氧化硫可以将各种花漂白，自然也能将樱桃汁漂白了。二氧化硫的这个用途还有一种更奇妙的应用。所有的天然丝织品或毛织品，本色都比较暗淡，如果想要它们在染色之后能呈现出鲜亮的颜色，就必须把原料漂白。除此之外，像编草帽的麦秆、做手套的皮革，在制造之前都需要漂白，而二氧化硫便是漂白它们的绝佳武器。

“二氧化硫还有许多其他的用途，我们接下来要说的这种，也是十分有趣的。它可以杀菌灭虫，也可以用来消毒。举例来说，有一些小动物靠寄居在人体的各部分生存，它们被称为寄生虫。寄生虫中有一种寄居在人的皮肤里的，叫疥虫。它会像鼹鼠打洞一样，在人的皮肤里穿出一条条隧道，表现在人的体表，便是让人感到奇痒无比的红疹。这种寄生虫只有微尘般大小，它潜藏在人的皮肤里，我们根本捉不到它，而且它繁殖得特别快，就算能捉到也捉不尽。所以要想治疗这种病，就只能把它们全部杀死。要知道，疥虫虽然微小，但它依然需要呼吸，所以如果我们在它活动的隧道里充入二氧化硫，它便无所遁形了。这种蒸汽消毒法如果施行顺利，让疥虫一次吸到足够多的二氧化硫，便能把它们全部杀死。因为二氧化硫的气味十分强烈，我们平时闻一点点便觉得难以忍受，更不用说小小的疥虫了！二氧化硫的作用我们就先介绍到这里，这种多功能的气体是不是很神奇呀？”

［俄国］尼查耶夫

“火焰空气”

化学家舍勒在没有被瑞典科学院选为院士之前，只是乌普萨拉城中一家药店里的实验员。但是他却有着与生俱来的化学敏感性，对探索世界万物的组成充满了浓厚的兴趣。

一天夜里，舍勒坐在药店的实验室里进行实验。药店里死一般的寂静，当最后一位顾客离开后，店门就关好了，老板也早已回屋睡觉了，药店里只有舍勒一个人仍然兴致勃勃地守着那些烧瓶和曲颈甑。

他先从橱子中拿出一只装满水的大罐子，里面有一块黄色的蜡状物沉在罐底。在半明半暗的灯光下，水和蜡状物散发着一种神秘的淡绿色光芒。

那块蜡状物就是磷。对这种物质，化学家们只能把它保存在水中。如果放在空气里，它很快就会发生化学变化，改变性能。

舍勒拿着一把刀伸到罐里，却没把蜡状物捞出罐子，只在水中切下了一小块。他把这一小块磷取出来，放到空烧瓶中，塞上了瓶塞，接着把烧瓶送到了一支燃烧着的蜡烛前。

烛焰的边缘刚刚接触到烧瓶，里面的磷就熔化了，沿着瓶底摊了开来。只过了一秒钟，磷就爆发出一阵明亮的火焰，浓烟立刻在烧瓶里弥漫开来，没过多久，这些浓雾就附着在瓶壁上，像给瓶壁镀上了一层白霜。

整个过程只用了一眨眼的工夫就完成了。磷烧尽后，立刻变成了干的磷酸。

这个实验让人印象深刻，但是舍勒似乎无动于衷。毕竟，让磷着火，观察它们怎么变成酸，舍勒已经做过很多次了。现在他感兴趣的可不是磷，而是另一件事：他想知道在磷燃烧时，烧瓶中的空气发生了哪些变化。

烧瓶刚凉下来，舍勒就把瓶颈朝下，浸入一盆水里，然后拔掉了瓶塞。这时发生了一件怪事：盆中的水从下往上涌进瓶中，填充了烧瓶大约五分之一的体积。

“又来了！”舍勒喃喃自语，“又有五分之一的空气消失了，剩下的地方被涌进来的水填满了……”

真奇怪！无论舍勒把什么东西放入密闭的容器中燃烧，总会看到同一种有趣的现象——在燃烧后，容器里的空气会减少五分之一左右。现在发生的也是这样的事情：磷烧完，磷酸全都留在烧瓶中；空气呢，却有一部分消失了。

烧瓶不是用塞子塞得严严实实的吗？瓶子中的空气是怎么溜掉的呢？就在这个烧瓶缓缓冷却的时候，舍勒安排好了另外一场实验。这次，他决定在密闭的容器里燃烧另一种易燃物——一种由酸溶解金属时所释放出的易燃气体。

制造这种易燃气体，只消几分钟。舍勒拿出一些铁屑塞到一个小瓶中，又往铁屑上浇了些浓度较低的硫酸溶液。事先，他已经在一个软木塞上钻通了一个小洞，并且在这里插上了一根长长的玻璃管。现在，他塞在瓶口的就是这个带玻璃管的塞子。这时，瓶中的铁屑已经在嗞嗞作响了，酸也沸腾起来，冒出来一些泛着银光的气泡。

舍勒取来一支蜡烛，放到玻璃管上端附近，从管中冲出的气体立刻着了火，形成了一个非常尖细的、苍白色的火舌。

然后，舍勒把小瓶放到了一只盛着很深的水的玻璃缸中，用一只空烧瓶底朝天地盖在火舌上。他把烧瓶口插到了水里，这样一来，瓶外的空气就无法进入瓶中了，那气体所产生的苍白色火焰就在密封的空间中燃烧起来。烧瓶刚罩到火焰上，玻璃缸里的水就开始从下往上涌入瓶中。上面，气体在燃烧；下面，水在不断地往上升。水越升越高，气体燃烧的火焰也越来越暗。慢慢地，火焰终于

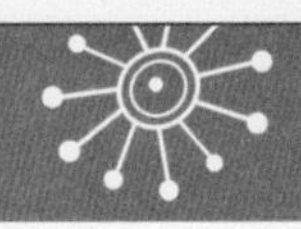

熄灭了。

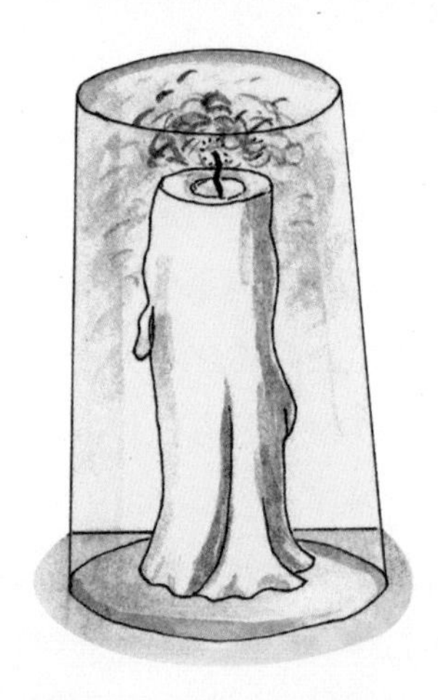

这时，舍勒又看到了同一个现象：涌入瓶中的水占了烧瓶体积的五分之一左右。

“好吧，”他想，“肯定有某种我不知道的原因。气体也应该在燃烧过程中完全消失吧，但是，烧完的为什么只是一部分气体，而不是全部的气体呢？那些可燃的气体不是还有吗？难道不应该燃烧很久吗？看，那些铁屑还在嗞嗞作响呢，小瓶中的酸还沸腾着呢！现在，如果我拿掉烧瓶，把它拿出来，点燃那种气体，它肯定还会继续燃烧。那么，为什么在烧瓶里它就会熄灭呢？烧瓶中不是还剩了五分之四的空气吗？”

这几天，舍勒常常生出一种模糊的疑问，现在，这个疑问又在他脑海里闪现出来：“这难道意味着，瓶里剩下的空气，跟那五分之一在燃烧中从瓶里消失的空气，是完全不同的？”这个念头一出现，舍勒立刻准备做几种新实验，来彻底检验一下自己的这个想法。但是看了看钟，他只能叹口气，停止了工作——这时已经是深夜了，他明天一早还得配药呢。

舍勒依依不舍地吹灭了蜡烛，离开了实验室。不过，空气有两种——这两种空气是不同的，这个想法再也没有离开他的脑海。

第二天，刚配完药，舍勒就兴致勃勃地着手检验自己的新想法。

他翻阅自己以前的笔记，那上面记录了他开始研究火焰和燃烧以来的所有实验记录；然后，他又重新做了其中的几项实验。接着，对着烧瓶中任何一种物质燃烧后所剩下的空气，他开始专心地研究起来。

这种空气好像是死的，完全没用的。

不管什么东西，都不愿在这种空气里燃烧。蜡烛放进去会熄灭，就像有个隐形人把它吹灭了一样。烧红的炭也会冷却下来。燃烧着的细劈柴会立刻熄灭掉，就像被水浇了一样。甚至非常容易燃烧的磷，在这种空气里也不肯燃烧。就连几只老鼠，被舍勒关进充满这种死空气的罐子里，也会立刻窒息而死。可是，这种死空气跟平常的空气一样，也是透明、无臭、无味的呀！

现在，舍勒总算证实了自己的想法。原来，四面八方围绕着我们的普通空气，绝对不像人们曾经以为的那样，是一种什么元素。空气可不是一种单质，而是由两种完全不同的东西混合组成的。在这两种成分中，有一种能帮助物质燃烧，不过在燃烧后不知去向；另一种占的比例较大，对火却丝毫不起作用，在易燃物质燃烧后，它会毫无损失地保留下来。如果空气里只有这一种物质，世界上无论什么东西、在什么时候，都不会出现哪怕任何一个小火花了。

让舍勒更感兴趣的，当然不是空气中那些“死”的部分，而是那些“活”的、在燃烧中不知去向的部分。

“我们能不能设法得到不掺‘无用空气’的那部分纯净空气呢？”他想。

他知道一定有办法。

他回忆起来，在实验中，自己曾经不止一次地看到，坩埚里用于制造黑火药的原料——硝石在熔化时，烟炱的细末每每飞过坩埚上空，都会突然着火。

他问自己，为什么这些细末在经过沸腾的硝石上空时，会那么容易着火呢？是不是因为硝石中冒出的气体，恰好就是空气中能帮助燃烧的那一部分？

于是，在接下来的一段时间内，舍勒放下了一切别的实验，开始专心研究硝石。他熔化了硝石，把浓硫酸跟硝石混在一起捣碎，又和炭放在一起捣碎。

药店老板一边提心吊胆地看着他忙碌的身影，一边暗暗琢磨：“会不会有一天，这个小伙子把我这间铺面跟他一起炸飞了呀？硝石跟火药本来就是近亲啊！”

但是，事态的发展完全出乎老板的意料。

有一次，药店老板正在向一位喜欢挑剔的顾客推销，说自己店中的芥子膏质量有多么好，舍勒却从实验室里冲了出来，手中摇着一只空瓶子喊道：“火焰空气！火焰空气！”

“上帝！出什么事了？”老板也喊了起来。

舍勒平时一向很冷静，这点老板也知道。他现在这么激动，肯定是出什么大事了。“火焰空气，”舍勒拍了拍空瓶子，又说了一遍，“走，来看看这件怪事。”

接着，他把惊讶的老板和顾客一起拉进了实验室里。他用一把杓子从炉子里舀出几块就要熄灭的炭，然后移开手中的瓶盖，把炭扔了进去。

那几块炭竟然一齐迸发出强烈的火焰。

“是火焰空气！”舍勒洋洋得意地说。

老板和顾客都没说话，只是莫名其妙地对望了一眼。舍勒又找来一根细劈柴，把它点着，又立刻吹熄，接着把它塞到另一只盛着“火焰空气”的瓶子中。

这一次，那根几乎已经熄灭的细劈柴也剧烈地烧了起来。

“你这是在变什么魔术啊？”顾客感到莫名其妙，几乎不敢相信自己的眼睛，他含含糊糊地问，“那瓶子不是空的吗？”

舍勒想了想，解释说：“瓶里有气体，是‘火焰空气’。这是用蒸馏硝石的办法得到的。在我们身边的普通空气里，这种气体只占大概五分之一的体积。”

顾客眨眨眼睛，一点都听不懂。

老板严肃地说：“原谅我，舍勒，我觉得你好像完全在瞎扯。谁能相信，空气里除了空气本身外还有其他东西呢？难道我们谁还不知道，哪里的空气都是一样的吗？不过，你拿着细劈柴做的实验确实很好玩。你能再做一次给我们看看吗？”

舍勒轻而易举地又让即将熄灭的细劈柴发出了强烈的火光，但这还是不能让老板相信他的解释。当时的人们，早已习惯把空气看成单一不变的四大元素之一，想让他们一下子改变想法是很困难的。

说句实话，舍勒验证出空气是由“无用空气”和“火焰空气”这两种截然不同的气体组成的，这连他自己也觉得奇怪呢！

其实，人们大可不必怀疑这件事了。现在，舍勒已经亲手用一份“硝石气”和四份“死空气”，人工制成了普通空气。在这些空气中，蜡烛像平常一样燃烧着；老鼠也平静地呼吸，就像处在围绕着我们的空气中一样。做完这些实验，谁都不会怀疑空气是由性质不同的两部分组成的了。

很快，舍勒就找到了制取纯“火焰空气”的最简单办法——加热硝石。他把干硝石放入一个玻璃曲颈甑中，又把甑移到火炉上烧。当硝石开始熔化时，他就把一个挤得很干的牛膀胱绑在甑颈上。牛膀胱一点点胀大——甑中溢出的“火焰空气”慢慢填满了它。接着，舍勒就熟练地把牛膀胱中的气体移到玻璃缸、玻璃杯、烧瓶等容器中，以备需要时使用。

舍勒还研究出其他几种制取“火焰空气”的方法，比如用水银的红色氧化物来做原料。但是，在所有方法中还是硝石法最实惠，所以舍勒更喜欢用这个方法。这段时间中，舍勒最大的快乐就是观察纯“火焰空气”中各种物体的燃烧现象。在这种气体中，各种物体燃烧得都很快，所发出的光也比在普通空气中亮得多。而在燃烧后，容器中的“火焰空气”一点都没剩下。

舍勒发现，在盛满“火焰空气”的密闭烧瓶中燃烧磷时，这种现象特别明显，这时爆发出的火焰简直亮得刺眼。烧瓶冷却后，舍勒拿起它，打算把它放入水中，却突然听到一声巨响，震得他耳朵都要聋了。同时，他手中的烧瓶被炸成碎片，到处乱飞。万幸的是，他没受伤，同时还能保持镇定。舍勒立刻意识到，真正的事故原因是：燃烧后所有的“火焰空气”都离开了烧瓶，瓶中出现了真空。在烧瓶外面的大气压力下，烧瓶就像空胡桃壳被铁钳夹碎一样四分五裂。

第二次做这个实验时，舍勒就更小心了。他拿了一只结实的烧瓶来放磷。烧瓶的瓶壁非常厚，可以经受住大气的压力。待磷烧尽、瓶子冷却后，舍勒把瓶口浸入水中，想观察瓶中的“火焰空气”还剩多少。令他惊讶的是，瓶塞无论如何都拔不出来了。显然，瓶子中形成了真空，空气发挥出惊人的力量，把瓶塞紧紧地压在了瓶颈中。既然无法拔出塞子，舍勒就把瓶塞推入瓶子——这很容易。立刻，盆中的水自下而上涌到瓶里，填满了整个瓶子。

这时，他才确信“火焰空气”会在燃烧中完全消失。

舍勒还曾经把鼻子凑到牛膀胱口上，吸了几口纯“火焰空气”试试。但是，他可没什么特别的感觉，就跟平常呼吸时一样。实际上，在“火焰空气”中呼吸当然要比在普通空气中呼吸更轻松。我们今天给重病人呼吸这种气体，就是这个原理。不过，现在“火焰空气”可不叫这个名字了，它的正式名字是氧气。

舍勒本想弄清楚火的本质，没想到却证明了空气不是一种元素，而是由两种气体组成的。他把这两种气体称为“火焰空气”和“无用空气”。这也是舍勒最重要的发现之一。

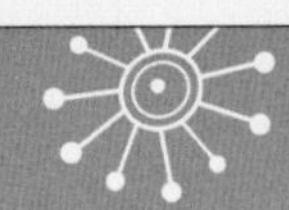

[俄国] 尼查耶夫

燃烧的秘密

化学界曾经流传着这样一种学说：一种物质只有在它含有许多特殊的易燃物质——燃素时，才能燃烧。而燃素是什么，谁都说不清楚。有人认为燃素是一种气体；又有人说，燃素既看不见也无法分离，它只能跟别的物质结合在一起。

无论谁观察火焰，首先都会看到燃烧的物体被破坏了，消失了。就像有某种东西跟火焰一起离开了，只剩下一堆灰烬、碎屑或酸。燃烧仿佛会把某种幽灵似的、不可捉摸的“火精”从物质中赶出去，所以也就破坏了那种物质。

所以，人们才会认为燃烧就是把物质分解为燃素和其他成分。

煤燃烧的时候，化学家说：“煤中的燃素全跑到了空气中，只留下了一些灰烬。”磷发出明亮的火焰后，变成了干的磷酸，他们的解释是：磷被重新分解成了它的组成部分——燃素和磷酸。甚至金属被烧红或者受潮生锈，化学家也说这是燃素在作怪：“燃素跑掉了，所以闪亮的金属消失了，只留下锈和金属屑。”

利用燃素说，17世纪的科学家似乎解释了许多种复杂的自然现象和工业技术现象，貌似解释得还挺合理。燃素说在很长的一段时期中，都帮助过化学家进行研究，因此化学家也就对这一学说深信不疑。

最早发现“火焰空气”的舍勒也是这个学说的拥护者，他断定：“火焰空气特别喜欢燃素。它时刻准备拿走任何一种易燃物质中的燃素。所以，那些物质才能在这种空气里迅速燃烧。” 这看起来好像非常合乎情理，但仍然有很多问题无法解释。直到18世纪，燃素说被伟大的法国化学家拉瓦锡彻底推翻，那些过去无法解释的现象，才变得不再神秘了。

“火焰空气”是由三位科学家几乎在同一时期发现的，其中舍勒发现得最早。一两年后，对舍勒的工作毫不知情的英国自然科学家普里斯特利也发现了“火焰空气”，他还发现了二氧化碳等气体。没过几个月，拉瓦锡听说普里斯特利发现了一种气体，能让蜡烛明亮地燃烧。他根据这点提示，也独立地发现了空气的组成。但是，这三人中，只有拉瓦锡对“火焰空气”的真正功能作出了正确的分析。

原来，在工作中，拉瓦锡有个杰出的盟友帮助了他。舍勒和普里斯特利当然也有这样的盟友，可惜他们既没有经常请教它，也没有重视它的劝告。这个盟友就是天平。在做实验前，拉瓦锡总要把那些原料仔细称一称，待实验结束后，再称一称。他常常一边称，一边想：“这种物质失去了一些质量，那种物质却重了点儿。也就是说，有某种东西离开了第一种物质，转移到了第二种物质中。”

天平给拉瓦锡解释了燃烧的真正性质，告诉他“火焰空气”燃烧后去了哪里。天平还告诉他哪些物质是复合而成的，哪些是单一的。除了这些，拉瓦锡还在天平的帮助下弄明白了许多事。

跟舍勒一样，拉瓦锡也曾经在密封的烧瓶中燃烧磷。不过，那五分之一的空气真的消失了吗？在研究这个疑问时，拉瓦锡没有迷失方向，因为他的盟友——天平给了他十分精确的回答。拉瓦锡在燃烧磷之前把磷块称过一次。当磷烧完后，他又称了称烧瓶中剩下的干磷酸。

舍勒和当时所有的化学家一样，没看天平就肯定地说：“当然是磷重，因为磷在燃烧中被摧毁了，它失掉了一部分燃素。退一步说，假设燃素毫无质量，磷酸也会跟产生它的磷一样重。”

事实却不是如此。天平宣布：燃烧后的磷酸比燃烧前的磷更重。这太令人不可思议了：就好比水壶中的水流掉了，水壶却更重了。谁要相信这些，岂不是荒谬绝伦吗！那么，磷酸多出来的质量是从哪儿来的呢？

“是从空气中来的！”拉瓦锡说，“大家曾经以为从烧瓶中失踪的那一部分空气，其实并没有消失，也没有跑出瓶子，它只是在燃烧过程中跟磷化合在了一起。而磷酸，当然就是磷和这种气体的化合物。”

看吧，“火焰空气”的神秘失踪现象就这样简简单单地讲明白了！一个谜题破解了，其他的谜题当然就不成问题了。

拉瓦锡明白，磷的燃烧并不是个例外。他指出，在每次实验中，无论是一种物体燃烧，还是一种金属生锈，其实都在发生类似的变化。

他做过这样一个实验：把一块锡放在容器中，然后把容器封严，不让任何外面的东西跑进去。接着，他拿来一面大型放大镜，让炽热的太阳光穿过放大镜射到锡块上。锡受热后开始熔化，渐渐地生锈，最后变成了疏松的灰白色粉末。

容器里的锡以及空气，拉瓦锡早都称过了。当一切结束后，他又把剩下的空气和锡末称了一次。结果如何呢？锡末增加的质量，正好等于空气失掉的质量。

外面的任何一种物质都跑不到那个盛锡的容器中，只有阳光能进去。所以容器中除了空气和锡，并没有其他东西。但是，锡变成粉末后，比以前更重了。

在这个实验中，谁还能否认那灰白色的锡灰是由锡和空气的一种成分——“火焰空气”或叫作“活空气”——化合而成的呢？

在装满了“活空气”的密封容器中，拉瓦锡又燃烧了一些最纯净的木炭。木炭烧完后，容器中仿佛什么都没剩下，只有极少的——少到刚刚能觉察到的——一撮灰。但是，天平提出了另一种说法。它指出：容器中的空气变得更重了，并且，空气增加的质量，正好跟木炭烧掉后失去的质量相等。可以看出，木炭在燃烧后并不是消失得无影无踪，而是跟“活空气”一起生成了一种新的化合物——一种分量比较重的气体，拉瓦锡把它叫作碳酸或碳酸气。

拉瓦锡开始详细地讲述自己做过的实验，并跟大家分享自己的想法，不料刚开始几乎受到了所有化学家的抨击。

“什么？！”他们说，“你觉得物体燃烧或金属生锈后，它们并没有被摧毁，也没有分解成自己的成分，反而还把‘活空气’跟自己结合在一起了？”“一点儿没错！”

他们说：“按照你的说法，燃烧中根本没有燃素的作用了，这怎么成呢？”

“我不知道什么燃素，”拉瓦锡说，“而且我从来没有见过它。我的盟友天平从未告诉过我物质中有燃素存在。我用纯净的易燃物，比如磷、纯金属锡等，放进密封的容器中燃烧。在容器中，除了‘活空气’以外什么都没有。燃烧后，易燃物跟‘活空气’都不见了，却会出现一种新物质，比如干的磷酸或锡粉。我称了称这些新物质，得出一个结论，它们的质量正好等于易燃物和‘活空气’加在一起的质量。做了这么多的实验，看了这么多的结论，我相信每个有头脑的人都只能得出一条结论：燃烧时，物质跟‘活空气’可以化合成一种新物质。这就跟2+2=4一样一目了然。那么，燃素跟这些有什么关系呢？不提它的话，问题倒很清楚；提起它来，事情反而没有头绪了。”

拉瓦锡的这段话，在化学界引发了一场暴风雨。

化学家们早已经习惯承认燃素的存在，现在忽然有人宣布它压根儿不存在，对这个180度的转弯，他们真的不肯立刻转过来。而且，燃烧后的物质不仅没被毁灭和分解，反而把“活空气”跟自己结合到一起，他们觉得这个结论十分荒诞。

所以，在最初的时候，他们对拉瓦锡加以嘲笑。后来，他们就指责他在工作中有漏洞，不是指责他的实验方法不正确，就是挑剔他的天平不准。但是不管怎样，事实就是事实。拉瓦锡不断地对燃素说提出各种反驳，这些反驳一个比一个新鲜，一个比一个更有说服力。那些燃素说的忠实拥护者在如山的铁证下开始动摇了，并且一步步地后退。最后，燃素说的拥护者终于心服口服地宣布：“我们无法否认明摆在眼前的事实，拉瓦锡确实是对的。”

到了18世纪末，燃素说终于被赶出了化学的大门，从此一去不复返。

[俄国] 尼查耶夫

不可见的光线

1896年初，一则消息轰动了全世界的大学和研究院：德国一位名叫威廉·康拉·伦琴的教授，发现了一种新的光线。

这种光线所具有的特性，绝对让你大吃一惊：人们无法用肉眼看见它，它却实实在在地存在着，并且会对照片的底片起作用。

其实，要检测出这种光线的存在并不难，只要在它经过的地方摆上纸张或玻璃屏，再在纸张或玻璃屏上涂上特定的化学物质，新光线经过时，纸张或玻璃屏上就会出现很亮的光，产生“磷光现象”。更神奇的是，新光线可以穿过任何物体，就像普通光线可以自由穿过玻璃那样。新光线可以穿过关闭着的大门，可以穿过结实的墙壁，甚至可以透过衣服穿过人的身体。

如果你想伸出手阻拦它，那么手指骨骼的轮廓就会出现在光屏上。看，你的那只骷髅手还在微微地颤动呢！

即使绅士们穿着笔挺的礼服和衬衣，每个纽扣都扣得紧紧的，透过光屏还是能看到他们全身的骨骼。而且，连他们口袋里的表、钱包里的硬币，都能看得一清二楚。

很快就有人把这一发现运用到了现实生活中。比如，在伦琴宣布这一消息后的第四天，一位美国医生就用新光线为枪伤病人检查身体，查看他体内是否残留子弹。

不过，医学界对新光线的感兴趣程度远不如物理学界。自从消息传出后，物理学家就想知道：这种光线是什么？它有怎样的性质？它是如何产生的？它的出现条件又有哪些？

于是，人们争相传说伦琴发现新光线的过程。据说，伦琴一直在实验室研究克鲁

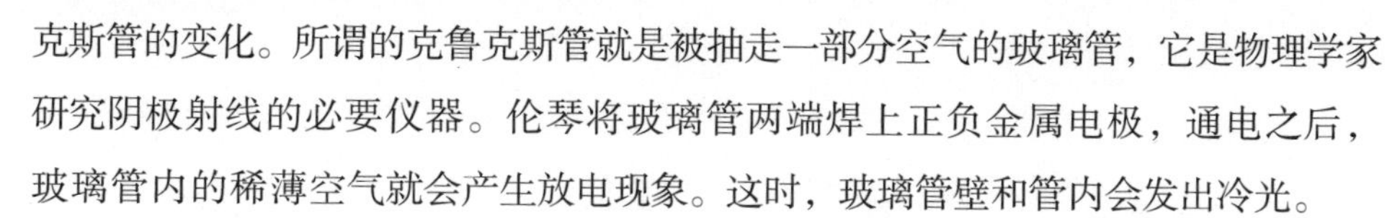

克斯管的变化。所谓的克鲁克斯管就是被抽走一部分空气的玻璃管，它是物理学家研究阴极射线的必要仪器。伦琴将玻璃管两端焊上正负金属电极，通电之后，玻璃管内的稀薄空气就会产生放电现象。这时，玻璃管壁和管内会发出冷光。

有一天，伦琴将一包用黑纸包着的还没来得及冲洗的照片底片放在了克鲁克斯管附近。几天后，他去冲洗照片，发现底片已经曝光。更奇怪的是，这种现象不止发生了一次。明明底片用黑纸包得严严实实的，任何人都没有动过，但只要把它放在离克鲁克斯管不远的地方，一段时间之后，底片一定会坏掉。

其实在伦琴之前，有很多研究人员也发现了这个问题，不过他们看到底片曝光，就把底片放在远离克鲁克斯管的地方，根本不去在意。但伦琴是个充满求知欲的人。为此，他开始不断实验，想弄清楚到底发生了什么事。

一次，伦琴在克鲁克斯管外面卷上一层黑色的硬纸板，然后用克鲁克斯管进行工作。晚上，他关了灯准备离开实验室的时候，突然想起自己忘了关闭电源，跟克鲁克斯管连在一起的感应圈还在工作。没有时间多想，伦琴就摸黑回到了桌边。就在这时，他看见旁边的桌子上有什么东西正在发冷光。

伦琴一看，发光的东西是张涂着铂氰酸钡的纸。要知道，铂氰酸钡能发磷光，如果附近有强光照射它，它还能自己发冷光。

可是，关了灯之后的实验室漆黑一片，哪里来的强光呢？就算克鲁克斯管在发光，但这光非常微弱，根本不足以使发光物出现磷光现象。何况，克鲁克斯管外面还包着一层厚厚的黑纸板呢！那么到底是什么原因，让铂氰酸钡纸在黑暗中发光呢？这一现象又一次引起了伦琴的研究兴趣。

伦琴

后来，有人问伦琴："请问当你碰到这种莫名其妙的事情时，你心里是怎么想的？"他回答道："什么也不想，我只做实验。"就这样，他不断地实验，凭借他顽强的意志和巧妙的实验，寻根究底，最终发现了新光线。

伦琴非常谦逊，他给自己发现的新光线取名为

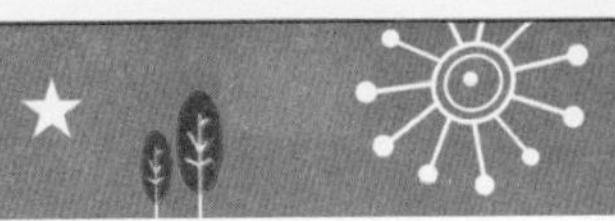

“X射线”，意思是说他对这种新光线还不完全了解。

一批不同国籍的科学家，却想把伦琴还没有发现的有关X射线的特性补充出来。于是，科学期刊上出现了各种有关X射线的报告：关于X射线性质的，关于X射线来源的……甚至还有科学家认为自己也找到了几种新射线，一时间“黑射线”“Z射线”蜂拥而至，“射线风暴”席卷了欧美科学家的实验室。

有个叫亨利·庞加来的法国科学家，他对X射线的猜测非常有趣。

庞加来在阅读伦琴发表的有关X射线的文章时，发现了一个令他印象深刻的细节。伦琴说，X射线产生的地方正好是玻璃管壁上被由阴极飞往阳极的电子中途打中的地方，X射线产生的地方还伴有强烈的磷光现象。

“原来是这样！”庞加来想，“既然X射线出现在磷光现象强烈的地方，那是不是只要能发出强烈磷光的物体就能发出X射线，而不是只在电流通过克鲁克斯管时才出现？”

另一个法国人——沙尔·昂利在得知庞加来的猜想后，立即付诸实验，加以检测。

我们可以通过很多种方法使物体产生冷光。从古代开始，人们就知道有些物质在受到太阳或者其他光线照射时，自身就能发出冷光。在这些物质中，有的光源一熄，物质立即停止发光；有的光源熄灭，还能维持一段时间的亮光。人们根据这个道理，在表盘上涂上能够在黑暗中发光的物质，制成我们所说的“夜光表”，使人们在夜间也能清楚地看到时间。

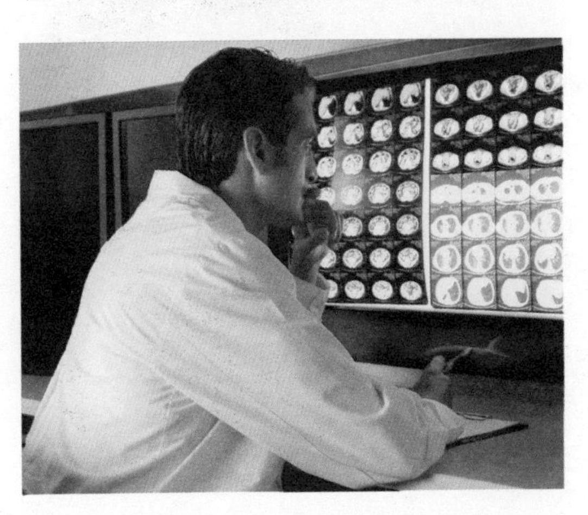

能发冷光的物质非常多，比如树木腐烂会发冷光，干燥的磷在空气中氧化也会发冷光。引发磷光现象的原因多种多样，庞加来却认为：只要是磷光现象就能产生X射线，根本不去管引发磷光现象的原因是什么。

沙尔的实验很简单。他选用的实验物质是硫化锌——一种经过太阳照射，能发出强烈磷光的物质。

沙尔用黑纸将照片底片包起来，然后在黑纸上放一块硫化锌。等这一切做完后，他就把它们放到太阳下晒。一段时间后，他将底片拿去暗室冲洗。冲洗出来的照片上有一个深色的斑点，它与放置硫化锌的位置正好吻合。于是，沙尔便认为，庞加来的猜想是对的，只要是磷光物质，就能发出可以自由穿梭黑纸的X射线。

在1896年2月10日召开的法国科学院大会上，沙尔宣读了他的这一发现。不久，科学院大会再次召开，有个叫涅文格罗夫斯基的法国研究者也作了类似的报告，他对沙尔的研究表示完全肯定。他做实验用的物质是硫化钙，虽然不同于硫化锌，但他们得到的结果是完全相同的。

从此之后，每次法国科学院大会都会有人说自己找到了X射线。这样一来，X射线便不再神秘了。就连生活中常见的夜光表不也在发射X射线吗？甚至，还有位名叫特罗斯特的研究者说："根本不用浪费克鲁克斯管，也不必使用那些价格昂贵、结构复杂的电路装置，只要把磷光物质放在强光下，它们就能发出X射线。"

很明显，这种说法是错误的。不论沙尔、涅文格罗夫斯基，还是特罗斯特，他们全都错了，而且大错特错，但是，他们的这些错误认知，后来竟然给科学界带来了意外的收获。

在这场X射线事件中，还有一位重要的参与者——物理学家亨利·贝可勒尔。他也做过很多磷光物质实验，并认为在强光照射下，磷光物质都能发出不可见的、对底片起作用的X射线。贝可勒尔看到冲洗出来的照片上的黑色斑点非常模糊，十分不满意。于是，他开始选用磷光现象更强烈的物质进行实验。他猜测，磷光作用越强，发出的X射线便越强，冲洗出来的照片上黑斑也就越清晰。

贝可勒尔的父亲曾经研究过磷光现象，他当年选用的磷光物质是铀和钾的硫酸盐。因此，在父亲的影响下，小贝可勒尔也对硫酸盐做过研究。现在，贝可勒尔决定利用这种盐继续实验，探讨X射线的奥秘。除此之外，他还选择了另外几种可以发磷光的铀化物作为实验材料。他的实验结果达到了预期目的：被太阳晒过的铀盐效果很好，冲洗出来的照片上，黑斑更加清晰。

贝可勒尔的实验是这样的：用密实的黑纸将照片底片包好，在黑纸上放一块剪成花纹样的金属片，然后再在金属片上铺一层撒满铀盐的薄纸，将它们放到太阳下晒。最后底片经过冲洗，黑色斑点中出现了属于金属片的白色花纹。很明显，具有磷光作用的铀盐发出了X射线，X射线可以透过黑纸使底片发生变化，可X射线没有完全穿透金属片，因此，金属片遮盖下的那块底片没有发生变化。随后，贝可勒尔在科学院大会上报告了这一成果。

1896年3月的一天，贝可勒尔突然来到了科学院，还带来了一则令人称奇的消息。四天前他准备用铀盐做实验，等一切准备就绪后发现，太阳被乌云遮住了，没有阳光。于是，他把整套装置收进了箱子，准备天晴后继续实验。可是，第二天，没有太阳；第三天、第四天，也全是阴天。第五天，贝可勒尔决定冲洗底片。因为在他看来，铀盐没有受到光照，里面磷光的力量很微弱，所以不会发出X射线，即使发出也会非常少。所以，底片必然会非常模糊。

事实却出乎意料。冲洗出来的照片上显示着轮廓分明的白花纹，这是所有磷光实验中从未有过的清晰图像！这个结果太令人震惊了！

可更令人震惊的还在后面。贝可勒尔发现，没有被太阳晒过的铀盐也能对底片起作用，而且效果跟经过日晒、能发磷光的铀盐一样好。

他将几粒铀盐放在盒子里，再将盒子放到箱子里。而箱子被他密封好后，放在不透光的屋子里，这一放便是15天。屋里漆黑无光，铀盐根本不可能出现磷光现象。可就算这样，铀盐旁边的底片还是发生了变化。

可见，即使在伸手不见五指的黑暗下，铀盐还是可以发出不可见光线。

这次实验中用到的是绝对不可能发出磷光的铀盐，铀盐在这里只是未经阳光照射的普通物质。然而，底片还是出现了变化。贝可勒尔心中充满了疑惑！

这时，又有人出来为贝可勒尔解惑了。或许庞加来是错误的，磷光现象与这种不可见光线没有关系，这一切都是因为铀！因为在黑暗中对底片造成影响的盐类物质，都含有铀。那是不是可以说这种光线是由铀带来的？

可如果是这样的话，沙尔、特罗斯特等人的实验又该作何解释？贝可勒尔没有使用铀盐之前，也用其他物质做过实验，又该作何解释？难道磷光发生时，没

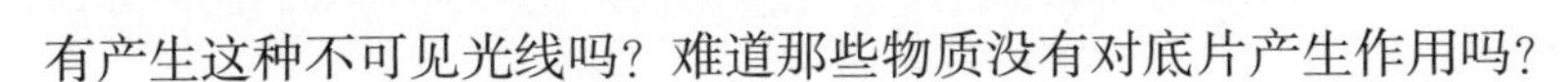

有产生这种不可见光线吗？难道那些物质没有对底片产生作用吗？

这个谜团真是越来越让人费解了！贝可勒尔只好暂时丢开铀盐，使用一个月以前所用的磷光物质——硫化锌和硫化钙。

他用黑纸同时将几张底片包好，放到日光下晒，并且在每一张黑纸上都放一块磷光物质。结果……所有底片上都没有黑斑！连小小的一个黑点都没有！

贝可勒尔接连实验了好几次，结果还是一样。于是，他使用更强烈的人造光进行照射。为了使磷光现象更明显，他还对磷光物质进行加热，或者将它们放进加盐的冰里。结果磷光物质发出了从未有过的强光，可底片还是没有任何变化。

特罗斯特曾说只要是能发磷光的物质就可以代替克鲁克斯管或者电路装置，于是贝可勒尔去询问他的意见。特罗斯特非常愿意帮忙，但是，贝可勒尔并没有在他那儿得到满意的答案。一晃几个月过去了。黑屋子里的铀盐仍在日夜不停地发出可以穿过黑纸对底片起作用的不可见光线！

贝可勒尔检查了当时人们知道的所有的铀化合物——氧化物、盐、酸，铀化物溶液、粉末、晶体，甚至连纯净的金属铀也在其中。毫无例外，它们全都在底片上留下了痕迹。而且，金属铀留下的痕迹最深，颜色最重。

研究进行到这儿，就毫无疑问了：铀及一切含有铀的化合物都会发出一种不可见光线——铀射线，这种射线不同于X射线，它与磷光现象没有任何关系。

现在我们将铀射线的发现过程整理一下。伦琴发现的X射线在产生时总会伴随着强大的磷光现象，于是，庞加来猜测只要有磷光现象的发生，便会产生X射线。紧接着就有研究者纷纷进行实验，支持庞加来的观点。

贝可勒尔在进行这种实验时，使用了发光性很强的磷光物质——铀盐。然而实验结果显示，X射线与磷光现象之间并没有必然联系。与此同时，贝可勒尔还发现了一种新射线——铀射线。

一些研究者在实验时犯了错，也许是因为他们用的底片不好；也许是因为他们的黑纸不够厚，只要太阳光一晒，底片就会走光；也许是因为他们使用的硫化物晒热后分解成的二氧化硫将底片毁掉了……就算是贝可勒尔最初也搞错了，但由于他后来的实验更加仔细周全，才发现不含铀的磷光物质对底片毫无作用，因此才能发现铀射线！

图书在版编目（CIP）数据

世界科普大师写给孩子的趣味化学／邢涛主编；龚勋分册主编．—杭州：浙江教育出版社，2017.9
（科普大师趣味科学系列）
ISBN 978-7-5536-5568-0

Ⅰ．①世… Ⅱ．①邢… ②龚… Ⅲ．①化学—少儿读物 Ⅳ．①O6-49

中国版本图书馆CIP数据核字（2017）第100189号

主　　编	邢　涛	网　　址	www.zjeph.com
分册主编	龚　勋	印　　刷	天津丰富彩艺印刷有限公司
设计制作	北京创世卓越文化有限公司	开　　本	700mm × 950mm　1/16
责任编辑	赵露丹	成品尺寸	163mm × 228mm
美术编辑	曾国兴	印　　张	9
责任校对	杜　玲	字　　数	180 000
责任印务	陈　沁	版　　次	2017年9月第1版
出版发行	浙江教育出版社	印　　次	2017年9月第1次印刷
地　　址	杭州市天目山路40号	标准书号	ISBN 978-7-5536-5568-0
邮　　编	310013	定　　价	19.80元

如遇质量问题请与我们联系调换，联系电话：(010) 52780229